科学万象城
—系列—
Science
Wonderland

于川

U0581991

气候物语

中国出版集团　现代出版社

目录

目录

● 认识气候

春有百花秋有月，夏有凉风冬有雪；若无闲事挂心头，便是人间好时节。四季更迭让我们感受春夏秋冬的风情变幻，阴晴圆缺让我们体验生命的轮回与起伏。可以说，气候变化与人们的生活息息相关。我们对气候的了解又有多少呢？今天，让我们一起认识气候现象了解气候知识。

气候是地球上某一地区多年时段大气的一般状态，是该时段各种天气过程的综合表现。气象要素(温度、降水、风等)的各种统计量(均值、极值、概率等)是表述气候的基本依据。气候与人类社会有密切关系，许多国家很早就有关于气候现象的记载。

中国古代，"气候"一词意指时节，战国时期的《皇帝内经·素问》一书中载有："五日谓之候，三候谓之气，六气谓之时，四时谓之岁"。以五日为候，三候为气，一年有二十四节气七十二候，各有气象、物候特征，合称为气候。到了后来，气候一词意义逐渐发生变化，成为"天气之综合。"气候(climate)一词源于希腊语 klima，解释为倾斜、斜度，暗示太阳投射角对环境条件的控制，表明古希腊人很早就已经带有朴素的科学思想，从能流观点上分析出了气候的形成与太阳的关系。这一来自希腊古典时期的学术理念鼓舞了后来的天文学家和地理学家，这些学者将地球划分为不同的气候或地带，对应于太阳高度角的变化导致的气温差异。在西方古代，人们对气候的体验一直与观察太阳密不可分。

由于太阳辐射在地球表面分布的差异，以及海洋、陆、山脉、森林等不同性质的下垫面(大气底部与地表的接触面)在到达地表的太阳辐射的作用下所产生的物理过程不同，使气候除具有温度大致按纬度分布的特征外，还具有明显的地域性特征。按水平尺度大小，气候可分为大气候、中气候与小气候。大气候是指全球性和大区域的气候，如热带雨林气候、地中海型气候、极地气候、高原气候等；中气候是指较小自然区域的气候，如森林气候、城市气候、山地气候以及湖泊气候等；小气候是指更小范围的气候，如贴地气层和小范围特殊地形下的气候(如一个山头或一个谷地)。

地球的公转和季节变化

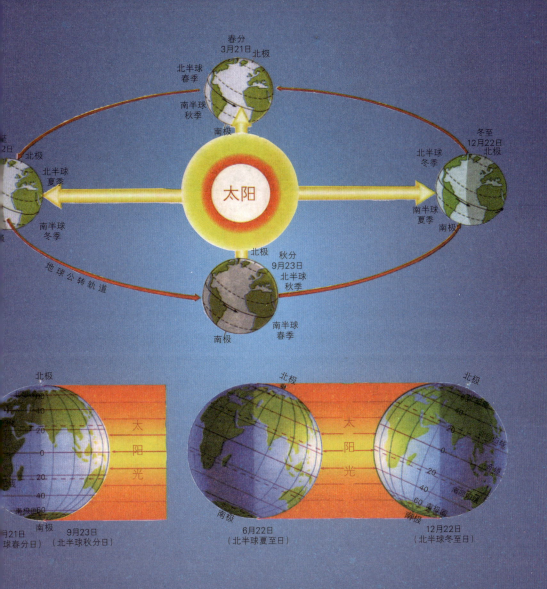

春分
3月21日 北极
北半球
春季
南半球
秋季
南极

冬至
12月22日
北极
北半球
冬季
南半球
夏季
南极

北极
北半球
夏季
南半球
冬季
南极

太阳

地球公转轨道

北极
秋分
9月23日
北半球
秋季
南半球
春季
南极

北极

太阳光

南极
3月21日
球春分日

北极

9月23日
（北半球秋分日）

北极

太阳光

南极
6月22日
（北半球夏至日）

北极

北回归线
赤道
南回归线
南极圈
南极

12月22日
（北半球冬至日）

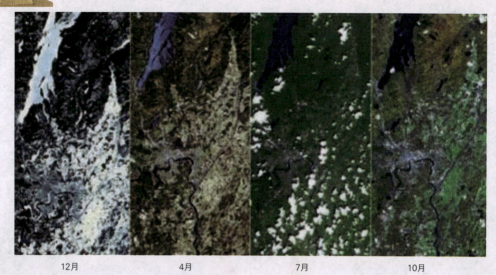

12月   4月   7月   10月

相关概念辨析 ＞

☒ 气候与天气

天气是大气中发生的各种大气现象的简称，是在较短时间内特定地区的大气状况。天气现象是指某瞬时内大气中各种气象要素（如气压、气温、湿度等）和自然现象（如风、云、雨、雪、雾、霜、雷、雹等）空间分布的综合表现。天气过程是一定地区的天气现象随时间的变化过程。

气候是指某一地区多年的天气和大气活动的综合状况（平均值、方差、极值概率等），是地球上某一地区多年时段大气的一般状态，是该时段各种天气过程的综合表现。气象要素（温度、降水、风等）的各种统计量（均值、极值、概率等）是表述气候的基本依据。

天气和气候是互相联系的。天气是指一个地区较短时间的大气状况。我们从广播和电视中收听收看到的 24、48 小时天气预报说的是天气；而气候则是一个地区多年的平均天气状况及其变化特征。世界气象组织规定，30 年记录为得出气候特征的最短年限。

☒ 气象与天气

用通俗的话来说，气象是指发生在天空中的风、云、雨、雪、霜、露、虹、晕、闪电、打雷等一切大气的物理现象。

气象是人们用以直观判断天气的基础。

> ### 世界气象日

世界气象日，又称"国际气象日"，是世界气象组织成立的纪念日，时间在每年的 3 月 23 日。这是世界气象组织为了纪念世界气象组织的成立和《国际气象组织公约》生效日（1950 年 3 月 23 日）而设立的。每年的"世界气象日"都确定一个主题，要求各成员国在这一天举行庆祝活动，并广泛宣传气象工作的重要作用。

2000 年以来世界气象日主题：

2000 年 气象服务五十年

2001 年 天气、气候和水的志愿者

2002 年 降低对天气和气候极端的脆弱性

2003 年 关注我们未来的气候

2004 年 信息时代的天气、气候和水

2005 年 天气、气候、水和可持续发展

2006 年 预防和减轻自然灾害

2007 年 极地气象：认识全球影响

2008 年 观测我们的星球，共创更美好的未来

2009 年 天气、气候和我们呼吸的空气

2010 年 致力于人类安全和福祉的六十年

2011 年 人与气候

2012 年 天气、气候和水，为未来增添动力

影响气候的因素 >

纬度位置——纬度位置的高低不同决定了接受的太阳辐射量的不同。它是造成气温高低的根本原因，也是形成气候差异的根本原因。比如南北回归线之间的地区，一年内太阳光有两次直射，接受的太阳光多，气温就高，是热带；而两极及附近地区非常寒冷，是寒带，就是由于太阳斜射而造成的。介于两者之间的中纬度地区，则属于温带。总的来看，全球气温的分布是从赤道向两极递减。

海陆位置——由于水的比热比陆地大得多，因而海洋的增温和降温都比陆地要慢。夏天，由于陆地降温快，在陆地上的人已感觉较热了，而海洋温度仍然较低，因此夏天在海边感觉到比较凉爽。冬天由于陆地降温快，在陆地上感觉到较冷时，在水里仍感觉到比较暖和。因此，距离海洋、大的水体（如大湖）的远近不同对气温有巨大的影响。一般来说，沿海地区的气温日较差和年较差都比内陆地区要小。另外，海洋上空水汽充足，空气湿润，因此距海近的地方一般降水比内陆地区更丰富，且比内陆更加均匀。

地形的影响——对流层的热量来自地面，因而对流层的气温随着地势的升

环绕地球旋转的卫星，为人们提供了有关天气和气候的变化信息。

海陆热力性质的差异，冬夏季海陆之间形成不同的气压，从而形成了冬夏季节风向、性质完全不同的风，这种随着季节变化而改变风向的风叫季风。以亚洲东部为例，冬季，由于陆地降温快，气温低，气压高，而此时亚洲东部、南部的海洋的气温相对较高，气压较低，这样风就从亚洲大陆内部吹向海洋，风向偏北，这就是影响我国的冬季风。由于冬季风是来自大陆内部，水汽少，所以在它的影响下，我国冬季大部分地区寒冷干燥。夏季，陆地增温快，气温高，气压低，而海洋增温慢，气温相对较低，气压高，这样风就从海洋吹向陆地，风向偏南，这就是影响我国的夏季风。由于夏季风是从海洋而来，所以温暖湿润，在它的影响下，我国夏季高温多雨。夏季风的影响是我国夏季多雨的主要原因。

高而降低，大约高度每上升1000米，气温下降6℃；地形对降水也有很大影响。假如气流在运动中受地形的阻挡，在迎风坡一侧气流沿地形爬升，那么气流在爬升过程中冷却，水汽凝结形成降雨。当气流越过山顶，气流沿背风坡下沉，气温升高，水汽不会凝结。另外，水汽在迎风坡已损失大半，因而背风坡降水稀少，非常干燥，形成"雨影区"。

　　季风的影响——由于

● 气象要素

气候要素即气候统计量，是为表征某一特定地点和特定时段内的气候特征或状态的参量。

狭义的气候要素即气象要素，如空气温度、湿度、气压、风、云、雾、日照、降水等。这些参量是目前气象台站所观测的基本项目。

广义的气候要素还包括具有能量意义的参量，如太阳辐射、地表蒸发、大气稳定度、大气透明度等。气温、降水与光照对动植物的生长、分布及人类活动都有着重大影响。根据广义的气候要素可推论气候的热力条件与动力条件，加深对某一区域气候状况的理解。

气温 〉

大气的温度简称气温,气温是地面气象观测规定高度(即1.25~2.00米,国内为1.5米)上的空气温度。空气温度记录可以表征一个地方的热状况特征,无论在理论研究上,还是在国防、经济建设的应用上都是不可缺少的。因此,气温是地面气象观测中所要测定的常规要素之一。气温有定时气温、日最高气温和日最低气温。气温的单位用摄氏度(℃)表示,有的以华氏度(°F)表示,均取小数一位,负值表示零度以下。

通常人们用大气温度数值的大小,反映大气的冷热程度。我国用摄氏温标,以℃表示,读做摄氏度。摄氏与华氏的换算关系是:

$$℃=5/9(°F-32)$$

$$°F=9/5℃+32$$

天气预报中所说的气温,指在野外空气流通、不受太阳直射下测得的空气温度(一般在百叶箱内测定)。最高气温是一日内气温的最高值,一般出现在14-15时,最低气温一般出现在早晨5-6时。中国用摄氏温标,以℃表示摄氏度。一般一天观测4次(2、8、14、20四个时次),部分测站根据实际情况,一天观测3次(8、14、20三个时次)。

13

气压强等环境因素的影响较大，所测量误差也就较大。

后来，伽利略的学生和其他科学家在这个基础上反复改进，如把玻璃管倒过来，把液体放在管内，把玻璃管封闭等。比较突出的是法国人布利奥在1659年制造的温度计，他把玻璃泡的体积缩小，并把测温物质改为水银，这样的温度计已具备了现在温度计的雏形。以后荷兰人华伦海特在1709年利用酒精，在1714年又利用水银作为测量物质，制造了更精确的温度计。他观察了水的沸腾温度、水和冰混合时的温度、盐水和冰混合时的温度；经过反复实验与核准，最后把一定浓

伽利略铜像与最早的温度计

温度计的发明与改进 ›

最早的温度计是在1593年由意大利科学家伽利略(1564~1642)发明的。他的第一支温度计是一根一端敞口的玻璃管，另一端带有核桃大的玻璃泡。使用时先给玻璃泡加热，然后把玻璃管插入水中。随着温度的变化，玻璃管中的水面就会上下移动，根据移动的多少就可以判定温度的变化和温度的高低。温度计有热胀冷缩的作用，所以这种温度计受外界大

2004年8月16日，世界最大温度计"金箍棒"落成于新疆吐鲁番火焰山风景区。曾获吉尼斯认证，高12米，温度显示高5.4米，直径0.65米的"立体造型温度计"可实测摄氏100度以内的地表温度。

度之间，其体积的膨胀是从1000个体积单位增大到1080个体积单位。因此他把冰点和沸点之间分成80份，定为自己温度计的温度分度，这就是列氏温度计。

华氏温度计制成后又经过30多年，瑞典人摄尔修斯于1742年改进了华伦·海特温度计的刻度，他把水的沸点定为100度，把水的冰点定为0度。后来他的同事施勒默尔把两个温度点的数值又倒过来，就成了现在的百分温度，即摄氏温度，用℃表示。华氏温度与摄氏温度的关系为℉=9/5℃+32，或℃=5/9(℉−32)。

现在英、美国家多用华氏温度，德国多用列氏温度，而世界科技界和工农业生产中，中国、法国等大多数国家则多用摄氏温度。

摄尔修斯画像

度的盐水凝固时的温度定为0℉，把纯水凝固时的温度定为32℉，把标准大气压下水沸腾的温度定为212℉，用℉代表华氏温度，这就是华氏温度计。

在华氏温度计出现的同时，法国人列缪尔(1683~1757)也设计制造了一种温度计。他认为水银的膨胀系数太小，不宜做测温物质。他专心研究用酒精作为测温物质的优点。他反复实践发现，含有1/5水的酒精，在水的结冰温度和沸腾温

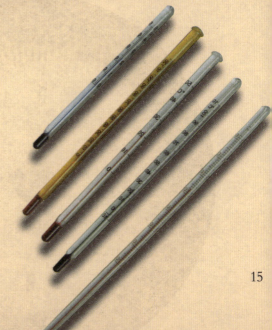

测量气温的温度表 〉

最高温度表：是专门用来测定一定时间间隔的最高温度的，它的构造是在球部底处置一根玻璃针，直伸到毛细管口，使毛细管口变狭。温度上升时，水银膨胀，压力增大，迫使水银挤过狭管上升。温度下降时，因无足够压力使水银挤过狭管回到球部，水银柱就在狭管处断裂，于是狭管以上这段水银柱的顶端，就保持在过去一段时间内温度表曾感受到的最高温度示度上，因而可测得最高温度。

最低温度表：是专门用来测定一定时间间隔的最低温度的，它用酒精做测温液，在毛细管内放一枚游标，温度上升时，酒精膨胀可越过游标上升，而游标本身由于顶端对管壁有足够的摩擦力，能维持在原处不动。温度下降时，酒精柱收缩到与游标顶端相接触时，由于酒精液面的表面张力比游标对管壁的摩擦力要大，使游标不致突破酒精柱顶而借液面的表面张力带动游标下滑。也就是说，游标只能降低，不能升高。所以，游标离球部较远一端的示度，就是一定时间间隔内曾经出现过的最低温度。

干湿球温度表：也就是普通的温度

表,它的测温液体为水银,用普通的温度表可以测定任一时刻的气温变化。阿斯曼通风干湿球温度表是德国人R·阿斯曼于1887年所创,两支棒状温度表放置在防辐射性能极好的通风管道内,机械或电动通风速度为2.5米/秒。仪器测量精度高,使用方便,常用做野外测量气温和湿度。

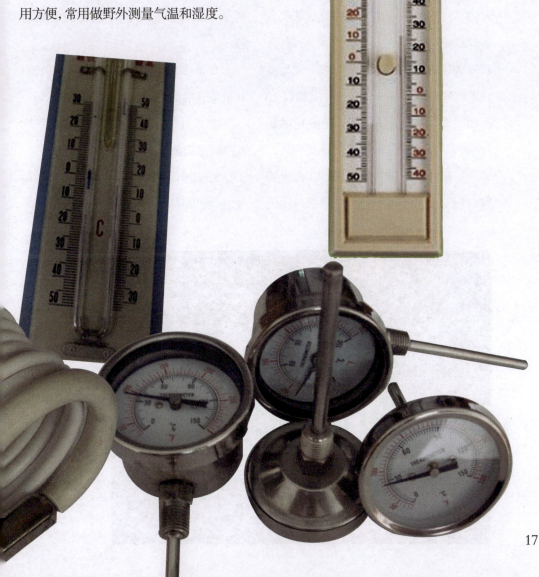

平均气温 〉

平均气温指某一段时间内,各次观测的气温值的算术平均值。根据计算时间长短不同,可有某日平均气温、某月平均气温和某年平均气温等。通常通过气温的平均情况来表达气温一天的状况,这就是平均气温。由于不同气象站,每天观测次数不等,中国气象部门统一规定,日平均气温是把每天2时、8时、14时、20时四次测量的气温求平均,还要精确到1/10度。除了日平均气温,还有候(5天)、旬(10天)、月、年平均气温,以表达不同时段气温的变化特点。气象部门每天2时、8时、14时、20时(北京时)每隔6小时进行一次观测或者2时、5时、08时、11时、14时、17时、20时、23时每隔3小时进行气温观测。为了特殊需要(如航空),甚至进行间隔1小时、半小时的气象观测。

1. 某日平均气温:某一天的最高气温和最低气温的平均值。

2. 某月平均气温:某一月的多日平均气温的平均值。

3. 某年平均气温:某年的多日平均气温(或多月平均气温)的平均值。

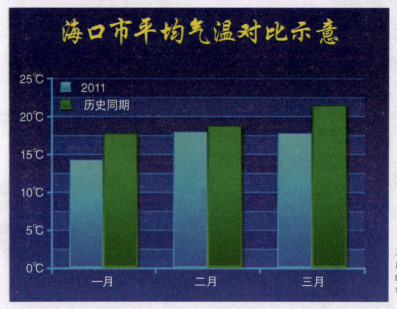

2011年海口市前三月份平均气温与历史同期气温偏低0.8℃~4℃,给农作物的生长带来影响。

2003年夏天，热浪席卷欧洲。

极端气温 >

极端气温也叫绝对气温，它是指历年中给定时段（如某日、月、年）内所出现的气温极端值。可分为极端最低气温和极端最高气温。

极端最低气温，也叫绝对最低气温，指历年中给定时段（如某日、月、年）内所出现的最低气温中的最低值。根据给定时段不同，可有某日、某月和某年极端最低气温，如某月极端最低气温是从全月各日最低气温中挑出的极植，某年极端最低气温是从全年各日最低气温中挑出的极值，某日极端最低气温是全天多次观测的最低气温值。如果考虑多年状况，也有多年某日、多年某月及多年年极端最低气温，如多年某日极端最低气温是从历年某日最低气温中挑出的极值，多年某月极端最低气温是从历年某月最低气温中挑出的极值，多年年极端最低气温是从历年最低气温中挑出的极值。

极端最高气温，也叫绝对最高气温，指历年中给定时段（如某日、月、年）内所出现的最高气温中的最高值。同极端最低气温相似，也可分为某日、某月和某年极端最高气温以及多年某日、多年某月和多年年极端最高气温。

我国出现的极端气温之最高与最低 >

中国出现极端最高气温的地方是在新疆的吐鲁番盆地，新中国成立前吐鲁番曾创下了47.8℃的全国纪录。以后，在1953年和1956年这两年的7月24日，都出现过47.6℃的高温，1975年7月13日的吐鲁番民航机场还曾观测到目前中国的极端最高气温——49.6℃。

中国内蒙古自治区大兴安岭的免渡河在1922年1月16日曾观测到-50.1℃的温度。这是新中国成立前气温记录中的最低值。新中国成立后，新疆北部的富蕴气象站在1960年1月20日以-50.7℃的低温首次打破了免渡河的纪录，接着1月21日又以-51.5℃再创全国新纪录。中国最北的气

象站——黑龙江省漠河气象站，1968年12月27日清晨测得了气温-50.9℃。在1969年2月13日漠河终于诞生了中国现有气象资料中的极端最低气温纪录——-52.3℃。

影响气温的因素 〉

⊠ 城市下垫面特性的影响

　　城市内大量人工构筑物如铺装地面、各种建筑墙面等，改变了下垫面的热属性。城市地表含水量少，热量更多地以显热形式进入空气中，导致空气升温。同时城市地表对太阳光的吸收率较自然地表高，能吸收更多的太阳辐射，进而使空气得到的热量也更多，温度升高。

⊠ 城市大气污染

　　城市中的机动车辆、工业生产以及大量的人群活动，产生了大量的氮氧化物、二氧化碳、粉尘等，这些物质可以大量地吸收环境中热辐射的能量，产生众所周知的温室效应，引起大气的进一步升温。

⊠ 人工热源的影响

　　工厂、机动车、居民生活等，燃烧各种燃料、消耗大量能源，无数个火炉在燃烧，都在排放热量！

⊠ 城市里的自然下垫面减少

　　城市的建筑、广场、道路等等大量增加，绿地、水体等自然因素相应减少，放热的多了，吸热的少了，缓解热岛效应的能力就被削弱了。

21

气温的分布状况 ＞

气温的分布通常用等温线图表示。所谓等温线就是地面上气温相等的各地点的连线。等温线的不同排列，反映出不同的气温分布特点。如等温线稀疏，则表示各地气温相差不大；等温线密集，表示各地气温悬殊。等温线平直，表示影响气温分布的因素较少；等温线的弯曲，表示影响气温分布的因素较多。等温线沿东西向平行排列，表示温度随纬度而不同，即以纬度为主要因素。等温线与海岸平行，表示气温因距海远近而不同，即以距海远近为主要因素等等。影响气温分布的主要因素有三，即纬度、海陆和高度。但是，在绘制等温线图时，常把温度值订正到同一高度即海平面上，以便消除高度的因素，从而把纬度、海陆及其他因素更明显地表现出来。

在一年内的不同季节，气温分布是不同的。通常以1月代表北半球的冬季和南半球的夏季，7月代表北半球的夏季和南半球的冬季。对冬季和夏季地球表面平均温度分布的特征，可做如下分析。首先，在全球平均气温分布图上，可以明显地看出，赤道地区气温高，向两极逐渐降低，这是一个基本特征。在北半球，等温线7月比1月稀疏。这说明1月北半球南北温度差大于7月。这是因为1月太阳直射点位于南半球，北半球高纬度地区不仅正

亚洲1月平均气温（℃）

0　　　1000km

伊斯法罕

巴士拉

麦地那

新德里

午太阳高度较低，而且白昼较短，而北半球低纬地区，不仅正午太阳高度较高，而且白昼较长，因此1月北半球南北温差较大。7月太阳直射点位于北半球，高纬地区有较低的正午太阳高度和较长的白昼，低纬地区有较高的正午太阳高度和较短的白昼，以致7月北半球南北温差较小。

其次，冬季北半球的等温线在大陆上大致凸向赤道，在海洋上大致凸向极地，而夏季相反。这是因为在同一纬度上，冬季大陆温度比海洋温度低，夏季大陆温度比海洋温度高的缘故。南半球因陆地面积较小，海洋面积较大，因此等温线较平直，遇有陆地的地方，等温线也发生与北半球相类似的弯曲情况。海陆对气温的影响，通过大规模洋流和气团的热量传输才显得更为清楚。例如最突出的暖洋流和暖气团是墨西哥湾暖洋流和其上面的暖气团，这使位于北纬60°以北的挪威、瑞典1月平均气温达 0℃~15℃，比同纬度的亚洲及北美洲东岸气温高10℃~15℃。盛行西风的北纬40°处，在欧亚大陆靠近大西洋海岸，由于海洋影响，1月平均气温在15℃以上。在亚洲东岸受陆上冷气团的影响，1月平均气温在-5℃以下。大陆东西岸1月份同纬度平均气温竟相差20℃以上。在北纬40°处的北美洲西岸1月平均气温靠近10℃，在东面大西洋海岸仅为0℃，相差亦达

10℃。至于冷洋流对气温分布的影响，在南美洲和非洲西岸也是明显的。此外，高大山脉能阻止冷空气的流动，也能影响气温的分布。例如，中国的青藏高原、北美的落基山、欧洲的阿尔卑斯山均能阻止冷空气不向南面向东流动。

再次，最高温度带并不位于赤道上，而是冬季在北纬5—10°处，夏季移到北纬20°左右。这一带平均温度1月和7月均高于24℃，故称为热赤道。热赤道的位置从冬季到夏季有向北移的现象，因为这个时期太阳直射点的位置北移，同时北半球有广大的陆地，使气温强烈受热的缘故。最后，南半球不论冬夏，最低温度都出现在南极。北半球仅夏季最低温度出现在极地附近，而冬季最冷地区出现在东部西伯利亚和格陵兰地区。

极端温度的度数和出现地区，往往在平均温度图上不能反映出来。根据现有记录，世界上绝对最低气温出现在东西伯利亚的维尔霍扬斯克和奥伊米亚康，分别为-69.8℃和-73℃，1962年在南极记录到新的世界最低气温为-90℃。世界绝对最高气温出现在索马里境内，为63℃。在中国境内，绝对最高气温出现在新疆维吾尔自治区的吐鲁番，达到48.9℃。绝对最低气温在黑龙江省的漠河，1968年2月13日测得-52.3℃。

亚洲7月平均气温 (℃)

0　　　1000km

卡扎切

汤斯克

奥伊米亚康

雅库茨克

哈尔滨

东京

北京

广州

广州

瓜拉丁加奴

新加坡

雅加达

乌戎潘当

气温的非周期性变化 ❯

气温的变化还时刻受着大气运动的影响。所以有些时候,气温的实际变化情形,并不像上述周期性变化那样简单。例如3月以后,中国江南正是春暖花开的时节,却常常因为冷空气的活动而有突然转冷的现象。秋季,正是秋高气爽的时候,往往也会因为暖空气的来临而突然回暖。

某地气温除了由于太阳辐射的变化而引起的周期性变化外,还有因大气的运动而引起的非周期性变化。实际气温的变化,就是这两个方面共同作用的结果。如果前者的作用大,则气温显出周期性变化;相反,就显出非周期性变化。不过,从总的趋势和大多数情况来看,气温日变化和年变化的周期性还是主要的。热量平衡中各个分量,如辐射差额、潜热和显热交换等,都受不同的控制因子影响。这些因子诸如纬度、季节等天文因子有着明显的地带性和周期的特性。而下垫面性质、地势高低,以及天气条件,如云量多少、大气干湿程度等,均带有非地带性特征。同时,不同地点,这些因子的影响也不相同,因而在热量的收支变化中引起的气温分布也呈不均匀性。

气压 〉

气压是大气压强的简称。由于大气重量而在任意表面上所受到的压强，其大小为从单位面积向上，一直到大气外界的垂直气柱内空气的重量。其单位用帕（斯卡）（Pa）来表示。气压的变化与天气和季节变化密切相关，同时还与温度和高度有关。水平方向上的气压差异可引起空气流动，从而形成风。

气压的空间分布及时间上的变化，是与气流流场情况及天气变化紧密相联系的，所以它是天气分析的主要依据之一；

此外，航空上可以利用气压来测定飞机飞行的高度；军事上也用气压来计算空气的密度，以进行弹道修正等等。因此，气压是气象中所要测定的重要要素之一。

气压的测量 〉

气象上常用的测定仪器有液体（如水银）气压表和固体（如金属空盒）气压表两种。气压记录是由安装在温度少变，光线充足的气压室内的气压表或气压计测量的，有定时气压记录和气压连续记录。人工目测的定时气压记录是采用动槽式或定槽式水银气压表测量的，基本站每日观测4次，基准站每日观测24次。气压连续

记录和遥测自动观测的定时气压记录采用的是金属弹性膜盒作为感应器而记录的，可获得任意时刻的气压记录。采用这些仪器测量的是本站气压，根据本站海拔高度和本站气压、气柱温度等参数可以计算出海平面气压。

气压以百帕为单位，取小数一位；有的也以毫米水银柱高度为单位，取小数两位。毫米与百帕的换算关系是：

1百帕=0.750069毫米（水银柱高度）≈3/4毫米（水银柱高度）

1毫米=1.333224百帕≈4/3百帕

我国的气压观测在1953年及以前采用的是以毫米水银柱高度记录的，1954年及以后是以百帕记录的，两种记录合并使用时，须换算为同一种单位。

与气压有关的著名历史事件——马德堡半球实验

格里克

17世纪德国有一位热爱科学的市长，名叫格里克。他是个博学多才的军人，从小就喜欢听伽利略的故事，爱好读书，爱好科学，前后在三所大学就读，知识面很广，上知天文，下识地理。他于1631年入伍，在军队中担任军械工程师，工作很出色。后来，又投身政界，当选为马德堡市市长。无论在军旅中，还是在市府内，他都从未停止科学探索。

1654年5月8日，阳光明媚，风和日丽，德国马德堡广场上人山人海，连皇帝、贵族和许多大官也都早早赶到现场。这里正在进行一次"半球"实验，而主角正是市长格里克。

此次实验，因科学界围绕空气有否压力的问题争论而举行。格里克想让人们明白，我们平时生活在空气中，每个人身上要受到20多吨重的大气压。这一论点使人惊讶，当时连许多科学家都不相信。为了证实这一点，他决定公开进行表演。

上午9点，只见广场的中心停着16匹精壮的骏马，表演的指挥者格里克把马分成两

群，每8匹一边，中间是一只铜做的大圆球，由两个半球合成。只要哨声一响，便让马像拔河一样，向相反的方向使劲拉着那合二为一的铜球。

一切准备就绪后，格里克向皇帝请示，一声令下，赶马人使劲地抽着鞭子，烈马引颈长嘶。一分钟、两分钟、三分钟……五分钟过去了，奇怪的是16匹烈马如此大力却分不开由两只半球合二为一的铜球，两边的马拼命喘着粗气，僵持着，突然"砰"地一声巨响，铜球被分成两半。在场观看的人们，个个瞪大眼睛，感到十分惊奇。

表演成功了！半球试验向人们充分证明大气不仅有压力，而且它的力量大得惊人！格里克表演时所用的两个半球做得很精致，合起来不会漏气，表演前他先在球中装水，然后把球中的水全部抽出来，再把口密封住，这样铜球内几乎变成了真空。由于大气中存在着惊人的压力，真空铜球受到大气压力后，以至要用十几匹马的力量才能把它们分开。

那么，也许人们要问，既然大气压力这么大，那我们平时怎么很轻松，丝毫没有任何感觉呢？原来，空气是从四面八方包围着一件东西的，它的压力也是均匀地从四面八方压向同一物体，我们人的身体几乎是和外界相通的，身体内部也有空气，也有压力，这个由里向外的压力和外界的压力平衡，互相抵消了，所以我们身体就不再觉得受到压力了。

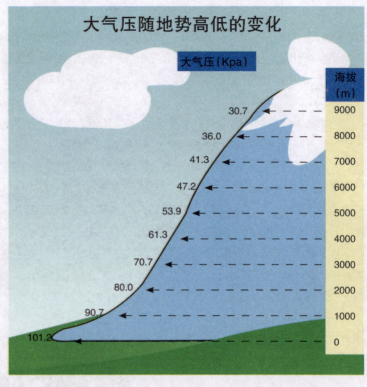

影响气压的因素 〉

◇ 大气压随地势高低的变化

　　从微观角度看，决定气体压强大小的因素主要有两点：一是气体的密度 n；二是气体的热力学温度 T。在地球表面，随地势的升高，地球对大气层气体分子的引力逐渐减小，空气分子的密度减小；同时大气的温度也降低。所以在地球表面，随地势高度的增加，大气压的数值是逐渐减小的。如果把大气层的空气看成理想气体，我们可以推得近似反映大气压随高度而变化的公式如下：

　　　　$\mu = p_0 gh / RT$（μ 为空气的平均摩尔质量，P_0 为地球表面处的大气压值，g 为地球表面处的重力加速度，R 为普适气体恒量，T 为大气热力学温度，h 为气柱高度）

　　由上式我们可以看出，在不考虑大气温度变化这一次要因素的影响时，大气压值随地理高度 h 的增加按指数规律减小，其函数图像如图所示。在 2km 以内，大气压值可近似认为随地理高度的增加而线性减小；在 2km 以外，大气压值随地理高度的增加而减小渐缓。所以过去在初中物理教材中有介绍：在海拔 2 千米以内，可以近似地认为每升高 12 米，大气压降低 1 毫米汞柱。

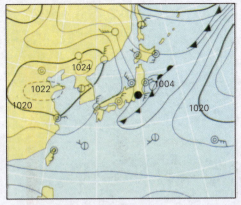 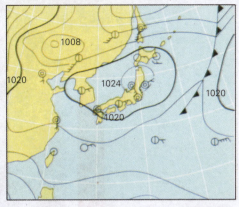

高气压移动

⊠ 大气压随地理纬度的变化

地球表面大气层里的成分，变化比较大的就是水汽。人们把含水汽比较多的空气叫"湿空气"，把含水汽较少的空气叫"干空气"。有些人直觉地认为湿空气比干空气重，这是不正确的。干空气的平均分子量为 28.966，而水汽的分子量只有 18.106，所以含有较多水汽的湿空气的密度要比干空气小。即在相同的物理条件下，干空气的压强比湿空气的压强大。在地球表面，由赤道到两极，随地理纬度的增加，一方面由于地球的自转和极地半径的减小，地球对大气的吸引力逐渐增大，空气密度增大；另一方面由于两极地区温度较低，所以空气中的水汽较少，可近似看成干空气，所以由赤道向两极，随地理纬度增加，大气压总的变化规律是逐渐增大（因气候等因素影响，局部某处的大气压值变化可能不遵循这一规律）。

围绕着西太平洋低压系统中心，以逆时针方向旋转的涡旋云带。

⊠ 大气压的日变化

对于同一地区，在一天之内的不同时间，地面的大气压值也会有所不同，这叫大气压的日变化。一天中，地球表面的大气压有一个最高值和一个最低值。最高值

31

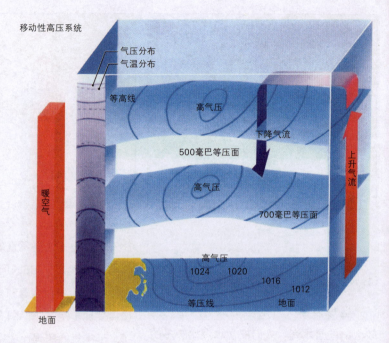

移动性高压系统

气压分布
气温分布

等高线

高气压

下降气流

500毫巴等压面

上升气流

暖空气

高气压

700毫巴等压面

高气压
1024   1020
1016
1012

等压线   地面

地面

出现在9~10时。最低值出现在15~16时。

　　导致大气压日变化的原因主要有三点。一是大气的运动；二是大气温度的变化；三是大气湿度的变化。日出以后，地面开始积累热量，同时地面将部分热量输送给大气，大气也不断地积累热量，其温度升高湿度增大。当温度升高后，大气逐渐向高空做上升辐散运动，在下午15~16时，大气上升辐散运动的速度达最大值，同时大气的湿度也达较大值，由于这两种因素的影响，导致一天中此时的大气压最低。16时以后，大气温度逐渐降低，其湿度减小，向上的辐散运动减弱，大气压值开始升高；进入夜晚；大气变冷开始向地面辐合下降，在次日上午9~10时，大气辐合下降压缩到最大程度，空气

密度最大，此时的大气压是一天中的最高值。

⊠ 大气压的年变化

　　同一地区，在一年之中的不同时间其大气压的值也有所不同。这叫大气压的年变化。大气压的年变化，具体又分为三种类型，即大陆型、海洋型和高山型。其中海洋型大气压的年变化刚好与大陆型的相反。通常所说的"冬天的大气压比夏天高"，指的就是大陆型大气压的年变化规律。下面对此略做分析（另外两种情况不做讨论）。

　　由于大气处于地球周围一个开放而没有具体疆界的空间之内，这就使它与密闭

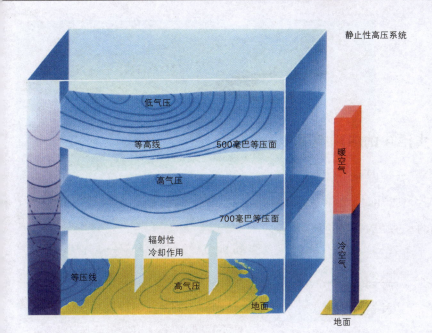

静止性高压系统

低气压

等高线　　500毫巴等压面

高气压

700毫巴等压面

辐射性
冷却作用

等压线　　　高气压

地面

暖空气

冷空气

地面

容器中的气体有着很多区别。夏天，大陆中的气温比海洋上高，大气的湿度也比较大（相对冬天而言），这样大陆上的空气不断向海洋上扩散，导致其压强减小。到了冬天，大陆上气温比海洋上低，大陆上的空气湿度也较夏天小，这样海洋上的空气就向大陆上扩散，使大陆上的气压升高。这就是大陆上冬天的大气压比夏天高的原因（大气温度也是影响大气压的一个因素，但在这里决定大气压变化的因素不是气温，而是大气的流动及大气的密度）。

⊠ 大气压随气候的变化

　　大气压随气候变化的情况比较多，但最为典型的就是晴天与阴天大气压的变化。有句俗语叫"晴天的大气压比阴天高"，反映的就是大气压的这一变化规律。通常情况下，地面不断地向大气中进行长波有效辐射，同时大气也在不断地向地面进行逆辐射。晴天，地面的热量可以较为通畅地通过有效辐射和对流气层的向上辐散运动向外输运。阴天时，云层减少了对流层大气向外的辐散运动。云层这种保存地表和对液层热量的作用称为"温室效应"。这样，阴天地区的大气膨胀就比较厉害，从而导致阴天地区的大气横向向外扩散，使空气的密度减小，同时阴天地区大气的湿度比较大，也使大气的密度减小。受这两个因素的影响，阴天的大气压比晴天的大气压低。

33

大气压在生活中的应用情况 >

1.高压锅——高压锅中封闭了空气，给高压锅内空气加热时，锅内气体压强增大，使锅内的水沸腾时温度更高，更容易煮熟食物。

2.真空吸盘——依靠外界大气压将其压在墙上，可以挂东西。

3.拔罐疗法——俗称火罐，是以罐为工具，利用燃烧、挤压等方法排除罐内空气，造成负压，使罐吸附于体表特定部位（患处、穴位），产生广泛刺激，形成局部充血或淤血现象，而达到防病治病，强壮身体为目的的一种中医物理治疗方法。

4.飞机飞行——飞机机翼上方呈流线型，当空气流过机翼时，一部分空气从飞机机翼上方流过，一部分空气从机翼下方流过，因为机翼上方为流线型，所以空气要在相同的时间内流过不同的距离则速度不相同，机翼上方空气流速较大，大气压较小；下方很平，空气流速较小，大气压较大，于是，飞机在高速行驶时，机翼下方的大气压大，而机翼上方的大气压小，机翼上下的压力差使飞机能够飞上天空。

风 >

　　风，常指空气的水平运动分量，包括方向和大小，即风向和风速。但对于飞行来说，还包括垂直运动分量，即所谓垂直或升降气流。风向指气流的来向，常按16方位记录，气象上的风向是指风的来向，航行上的风向是指风的去向。风速是空气在单位时间内移动的水平距离，以米/秒为单位。大气中水平风速一般为1.0~10米/秒，台风、龙卷风有时达到102米/秒。而农田中的风速可以小于0.1米/秒。在气象服务中，常用风力等级来表示风速的大小。英国人蒲福于1805年拟定的"蒲福风级"将风力分为13个等级(0~12级)，而1946年之后，风力等级又增加到18个(0~17级)。

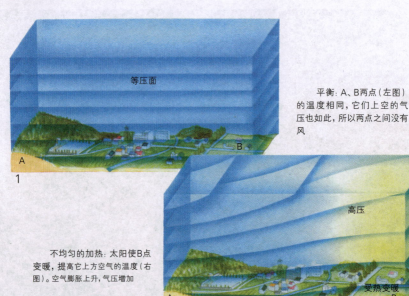

平衡: A、B两点（左图）的温度相同，它们上空的气压也如此，所以两点之间没有风

不均匀的加热: 太阳使B点变暖，提高它上方空气的温度（右图）。空气膨胀上升，气压增加

风的成因 >

形成风的直接原因，是水平气压梯度力。风受大气环流、地形、水域等不同因素的综合影响，表现形式多种多样，如季风、地方性的海陆风、山谷风、焚风等。简单地说，风是空气分子的运动。要理解风的成因，先要弄清两个关键的概念: 空气和气压。空气的构成包括: 氮分子（占空气总体积的78%）、氧分子（约占21%）、水蒸气和其他微量成分。所有空气分子以很快的速度移动着，彼此之间迅速碰撞，并和地平线上任何物体发生碰撞。

气压可以定义为: 在一个给定区域内，空气分子在该区域施加的压力大小。

一般而言，在某个区域空气分子存在越多，这个区域的气压就越大。相应来说，风是气压梯度力作用的结果。而气压的变化，有些是风暴引起的，有些是地表受热不均引起的，有些是在一定的水平区域上，大气分子被迫从气压相对较高的地带流向低气压地带引起的。

大部分显示在气象图上的高压带和低压带，只是形成了伴随我们的温和的微风。而产生微风所需的气压差仅占大气压力本身的1%，许多区域范围内都会发生这种气压变化。相对而言，强风暴的形成源于更大、更集中的气压区域的变化。

风的影响 >

风是农业生产的环境因子之一。风速适度对改善农田环境条件起着重要作用。近地层热量交换、农田蒸散和空气中的二氧化碳、氧气等输送过程随着风速的增大而加快或加强。风可传播植物花粉、种子，帮助植物授粉和繁殖。风能是分布广泛、用之不竭的能源。中国盛行季风，对作物生长有利。在内蒙古高原、东北高原、东南沿海以及内陆高山，都具有丰富的风能资源可作为能源开发利用。

风对农业也会产生消极作用。它能传播病原体，蔓延植物病害。高空风是粘虫、稻飞虱、稻纵卷叶螟、飞蝗等害虫长距离迁飞的气象条件。大风使叶片机械擦伤、作物倒伏、树木断折、落花落果而影响产量。大风还造成土壤风蚀、沙丘移动，而毁坏农田。在干旱地区盲目垦荒，风将导致土地沙漠化。牧区的大风和暴风雪可吹散畜群，加重冻害。地方性风的某些特殊性质，也常造成风害。由海上吹来含盐分较多的海潮风，高温低温的焚风和干热风，都严重影响果树的开花、坐果和谷类作物的灌浆。防御风害，多采用培育矮化、抗倒伏、耐摩擦的抗风品种的方法。营造防风林，设置风障等更是有效的防风方法。

风的能量 >

　　空气流动所形成的动能称为风能。风能是太阳能的一种转化形式。太阳的辐射造成地球表面受热不均，引起大气层中压力分布不均，空气沿水平方向运动形成风。风的形成乃是空气流动的结果。风能的利用形成主要是将大气运动时所具有的动能转化为其他形式的能。

　　在赤道和低纬度地区，太阳高度角大，日照时间长，太阳辐射强度强，地面和大气接受的热量多、温度较高；再高纬度地区太阳高度角小，日照时间短，地面和大气接受的热量小，温度低。这种高纬度与低纬度之间的温度差异，形成了南

北之间的气压梯度，使空气作水平运动，风应沿水平气压梯度方向吹，即垂直于与等压线从高压向低压吹。地球在自转，使空气水平运动发生偏向的力，称为地转偏向力，这种力使北半球气流向右偏转，南半球向左偏转，所以地球大气运动除受气压梯度力外，还要受地转偏向力的影响。大气真实运动是这两种力综合影响的结果。

　　实际上，地面风不仅受这两个力的支配，而且在很大程度上受海洋、地形的影响，山隘和海峡能改变气流运动的方向，还能使风速增大，而丘陵、山地却摩

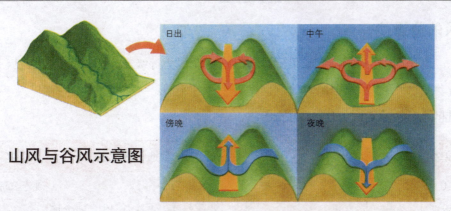

山风与谷风示意图

日出　中午　傍晚　夜晚

擦大使风速减少，孤立山峰却因海拔高使风速增大。因此，风向和风速的空间分布较为复杂。

海陆差异对气流运动也产生影响。在冬季，大陆比海洋冷，大陆气压比海洋高，风从大陆吹向海洋。夏季相反，大陆比海洋热，风从海洋吹向内陆。这种随季节转换的风，我们称为季风。所谓的海陆风也是白昼时，大陆上的气流受热膨胀上升至高空流向海洋，到海洋上空冷却下沉，在近地层海洋上的气流吹向大陆，补偿大陆的上升气流，低层风从海洋吹向大陆称为海风，夜间（冬季）时，情况相反，低层风从大陆吹向海洋，称为陆风。在山区由于热力原因引起的白天由谷地吹向平原或山坡，夜间由平原或山坡吹向谷地，前者称谷风，后者称为山风。这是由于白天山坡受热快，温度高于山谷上方同高度的空气温度，坡地上的暖空气从山坡流向谷地上方，谷地的空气则沿着山坡向上补充流失的空气，这时由山谷吹向山坡的风，称为谷风。夜间，山坡因辐射冷却，其降温速度比同高度的空气快，冷空气沿坡地向下流入山谷，称为山风。当太阳辐射能穿越地球大气层时，大气层约吸收$2×10^{16}W$的能量，其中一小部分转变成空气的动能。因为热带比极带吸收较多的太阳辐射能，产生大气压力差导致空气流动而产生"风"。至于局部地区，例如，在高山和深谷，在白天，高山顶上空气受到阳光加热而上升，深谷中冷空气取而代之，因此，风由深谷吹向高山；夜晚，高山上空气散热较快，于是风由高山吹向深谷。另一例子，如在沿海地区，白天由于陆地与海洋的温度差，而形成海风吹向陆地；反之，晚上陆风吹向海上。

风的分级 >

　　风速：风速是指空气在单位时间内流动的水平距离。根据风对地上物体所引起的现象将风的大小分为13个等级，称为风力等级，简称风级。以 0~17等级数字记载。

风级	风的名称	风速（m/s）	风速（km/h）	陆地上的状况	现象
0	无风	0~0.2	小于1	静，烟直上	平静如镜
1	软风	0.3~1.5	1~5	烟能标示风向，但风向标不能转动	微浪
2	软风	1.6~3.3	6~11	人面感觉有风，树叶有微响，风向标能转动	小浪
3	微风	3.4~5.4	12~19	树叶及微枝摆动不息，旗帜展开	小浪
4	和风	5.5~7.9	20~28	能吹起地面灰尘、纸张和地上的树叶，树的小枝微动	轻浪
5	劲风	8.0~10.7	29~38	有叶的小树枝摇摆，内陆水面有小波	中浪
6	强风	10.8~13.8	39~49	大树枝摆动，电线呼呼有声，举伞困难	大浪
7	疾风	13.9~17.1	50~61	全树摇动，迎风步行感觉不便	巨浪
8	大风	17.2~20.7	62.74	微枝折毁，人向前行感觉阻力甚大	猛浪
9	烈风	20.8~24.4	75~88	建筑物有损坏（烟囱顶部及屋顶瓦片移动）	狂涛
10	狂风	24.5~28.4	89~102	陆上少见，见时可使树木拔起，将建筑物损坏严重	狂涛
11	暴风	28.5~32.6	103~117	陆上少见，有则必有重大损毁	海啸
12	飓风	32.6~36.9	118~133	陆上绝少，其摧毁力极大	海啸
13	台风	37.0~41.4	134~149	陆上绝少，其摧毁力极大	
14	强台风	41.5~46.1	150~166	陆上绝少，其摧毁力极大	
15	强台风	46.2~50.9	167~183	陆上绝少，其摧毁力极大	
16	超强台风	51.0~56.0	184~202	陆上绝少，其摧毁力极大	
17	超强台风	≥56.1	≥203	陆上绝少，其摧毁力极大	

注：本表所列风速是指平地上离地10米处的风速值

零级风，烟直上；

一级风，烟稍偏；

二级风，树叶响；

三级风，旗翩翩；

四级风，灰尘起；

五级风，起波浪；

六级风，大树摇；

七级风，行路难；

八级风，树枝断；

九级风，烟囱坍；

十级风，树根拔；

十一级，陆罕见；

十二级，更少有；

风怒吼，浪滔天。

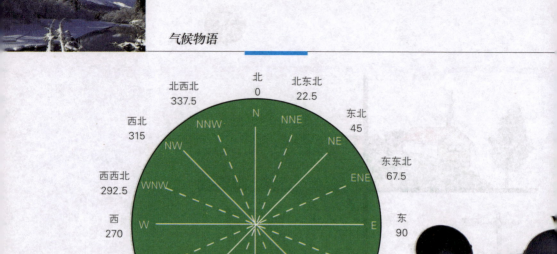

风向的十六方位

风向 >

气象学中的风向是指风吹来的方向，例如北风就是指空气自北向南流动。气象台站预报风时，当风向在某个方位左右摆动不能肯定时，则加以"偏"字，如偏北风。当风力很小时，则采用"风向不定"来说明。

我们用方位来表示风向的测量单位。如陆地上，一般用16个方位表示；海上多用36个方位表示；在高空则用角度表示。用角度表示风向，是把圆周分成360度，北风(N)是0度(即360度)，东风(E)是90度，南风(S)是180度，西风(W)是270度，其余的风向都可以由此计算出来。

为了表示某个方向的风出现的频率，通常用风向频率这个量，它是指一年(月)内某方向风出现的次数和各方向风出现的总次数的百分比，即：

风向频率=某风向出现次数/风向的总观测次数×100%

由此计算出来的风向频率，可以知道某一地区哪种风向比较多，哪种风向比较少。根据观测发现，我国华北、长江流域、华南及沿海地区的冬季多刮偏北风(北风、东北风、西北风)，夏季多刮偏南风(南风、东南风、西南风)。

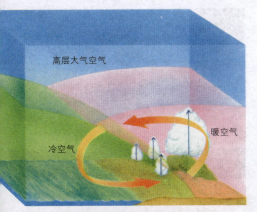

高层大气空气

冷空气

暖空气

上图：夏季，高温的陆地将它上方的空气也加热，暖空气上升时，将较冷的海平面空气吸往内陆。

下图：冬季，海洋上方的空气比陆上空气暖和些，因此便上升，岸上的较冷空气于是向海移动。

高空空气

暖空气

冷空气

季风 ＞

　　由于大陆及邻近海洋之间存在的温度差异而形成大范围盛行的，风向随季节有显著变化的风系，具有这种大气环流特征的风称为季风。

　　季风形成的原因，主要是海陆间热力环流的季节变化。夏季大陆增热比海洋剧烈，气压随高度变化慢于海洋上空，所以到一定高度，就产生从大陆指向海洋的水平气压梯度，空气由大陆指向海洋，海洋上形成高压，大陆形成低压，空气从海洋海向大陆，形成了与高空方向相反的气流，构成了夏季的季风环流。在我国为东南季风和西南季风。夏季风特别温暖而湿润。

　　冬季大陆迅速冷却，海洋上温度比陆地要高些，因此大陆为高压，海洋上为低压，低层气流由大陆流向海洋，高层气流由海洋流向大陆，形成冬季的季风环流。在我国为西北季风，变为东北季风。冬季风十分干冷。

　　世界上季风明显的地区主要有南亚、东亚、非洲中部、北美东南部、南美巴西东部以及澳大利亚北部，其中以印度季风和东亚季风最著名。有季风的地区都可出现雨季和旱季等季风气候。夏季时，吹向大陆的风将湿润的海洋空气输进内陆，往往在那里被迫上升成云致雨，形成雨季；冬季时，风自大陆吹向海洋，空气干燥，伴以下沉，天气晴好，形成旱季。

43

龙卷风 〉

龙卷风是在极不稳定天气下，由两股空气强烈对流运动而产生的一种伴随着高速旋转的漏斗状云柱的强风涡旋。龙卷风外貌奇特，它上部是一块乌黑或浓灰的积雨云，下部是下垂着的形如大象鼻子的漏斗状云柱，风速一般每秒50米至100米，有时可达每秒300米。由于龙卷风内部空气极为稀薄，导致温度急剧降低，促使水汽迅速凝结，这是形成漏斗云柱的重要原因。

龙卷风这种自然现象是云层中雷暴的产物，具体的说，龙卷风就是雷暴巨大能量中的一小部分在很小的区域内集中释放的一种形式。龙卷风的形成可以分为四个阶段：

（1）大气的不稳定性产生强烈的上升气流，由于急流中的最大过境气流的影响，它被进一步加强。

（2）由于与在垂直方向上速度和方向均有切变的风相互作用，上升气流在对流层的中部开始旋转，形成中尺度气旋。

（3）随着中尺度气旋向地面发展和向上伸展，它本身变细并增强。同时，一个小面积的增强辅合，即初生的龙卷在气旋内部形成，产生气旋的同样过程，形

冷、暖空气相遇时，冷空气下降，暖空气带着水分进入较冷的上层大气中，形成了积云。

积云越来越大，上升气流愈来愈强，吸入更多暖空气，将积云变成能产生风暴的积雨云。这些高耸的大云朵顶端伸进了冷的平流层，于是上升的空气变冷了。这种冷冻作用产生强烈的下降气流，不但带来雨，还产生了一长系列叫做"飑线"的雷暴。

成龙卷核心。

（4）龙卷核心中的旋转与气旋中的不同，它的强度足以使龙卷一直伸展到地面。当发展的涡旋到达地面高度时，地面气压急剧下降，地面风速急剧上升，形成龙卷。

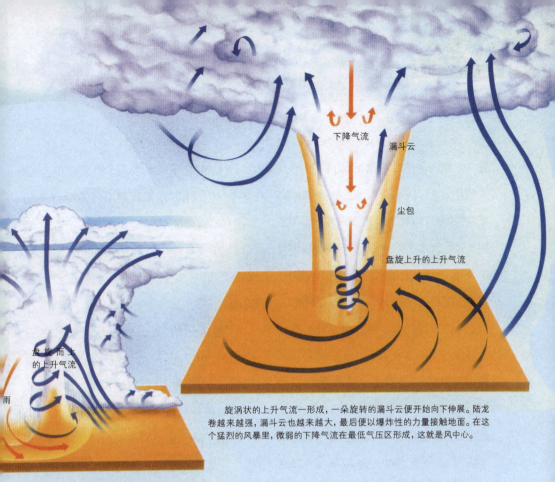

下降气流

漏斗云

尘包

盘旋上升的上升气流

盘旋而上
的上升气流

雨

旋涡状的上升气流一形成，一朵旋转的漏斗云便开始向下伸展。陆龙卷越来越强，漏斗云也越来越大，最后便以爆炸性的力量接触地面。在这个猛烈的风暴里，微弱的下降气流在最低气压区形成，这就是风中心。

一种切变的强侧风切穿积雨云，令温暖的上升气流改变方向并且盘旋。一个慢慢旋转的涡旋在云里形成，将更多暖空气吸入越来越大的风暴里。上升气流和下降气流都更强烈，螺旋愈转愈紧也愈快，产生一个旋涡形的上升气流，速度能达到每小时100公里以上。

龙卷风是大气中最强烈的涡旋现象，影响范围虽小，但破坏力极大。它往往使成片庄稼、成万株果木瞬间被毁，令交通中断，房屋倒塌，人畜生命遭受损失。龙卷风的水平范围很小，直径从十几米到几百米，平均为250米左右，最大为1千米左右。在空中直径可有几千米，最大有10千米。极大风速每小时可达150千米至450千米，龙卷风持续时间，一般仅几分钟，最长不过数小时，但造成的灾害很严重。

龙卷风常发生于夏季的雷雨天气时，尤以下午至傍晚最为多见。袭击范围小，龙卷风的直径一般在十几米到数百米之间。龙卷风的生存时间一般只有几分钟，最长也不超过数小时。风力特别大，破坏力极强，龙卷风经过的地方，常会发生拔起大树、掀翻车辆、摧毁建筑物等现象，有时把人吸走，危害十分严重。

降水 〉

地面从大气中获得的水汽凝结物，总称为降水。它包括两部分，一是大气中水汽直接在地面或地物表面及低空形成的凝结物，如霜、露、雾和雾凇，又称为水平降水；另一部分是由空中降落到地面上的水汽凝结物，如雨、雪、霰雹和雨凇等，又称为垂直降水。但是单纯的霜、露、雾和雾凇等，不作为降水量处理。在我国，根据国家气象局地面观测规范规定，降水量仅指的是垂直降水，水平降水不作为降水量处理。一天之内50毫米以上降水为暴雨（豪雨），25毫米以上为大雨，10~25毫米为中雨，10毫米以下为小雨，75毫米以上为大暴雨（大豪雨），200毫米以上为特大暴雨。

水汽在上升过程中，因周围气压逐渐降低，体积膨胀，温度降低而逐渐变为细小的水滴或冰晶漂浮在空中形成云。当云滴增大到能克服空气的阻力和上升气流的顶托，且在降落时不被蒸发掉才能形成降水。水汽分子在云滴表面上的凝聚，大小云滴在不断运动中的合并，使云滴不断凝结（或凝华）而增大。云滴增大为雨滴、雪花或其他降水物，最后降至地面。

产生降水的主要过程有：

① 空气系统的发展，暖而湿的空气与冷空气交汇，促使暖湿空气被冷空气强迫抬升，或由暖湿空气沿锋面斜坡爬升。

② 夏日的地方性热力对流，使暖湿空气随强对流上升形成小型积雨云和雷阵雨。

③ 地形的起伏，使其迎风坡产生强迫抬升，但这是一个比较次要的因素。多数情况下，它和前两种过程结合影响降水量的地理分布。

形成降水的条件有3个：

一是要有充足的水汽；

二是要使气块能够抬升并冷却凝结；

三是要有较多的凝结核。

我们知道，水是地球上各种生灵存在的根本，水的变化和运动造就了我们今天的世界。在地球上，水是不断循环运动的，海洋和地面上的水受热蒸发到天空中，这些水汽又随着风运动到别的地方，当它们遇到冷空气，形成降水又重新回到地球表面。这种垂直降水又分为两种：一种是液态降水，这就是下雨；另一种是固态降水，这就是下雪或下冰雹等。

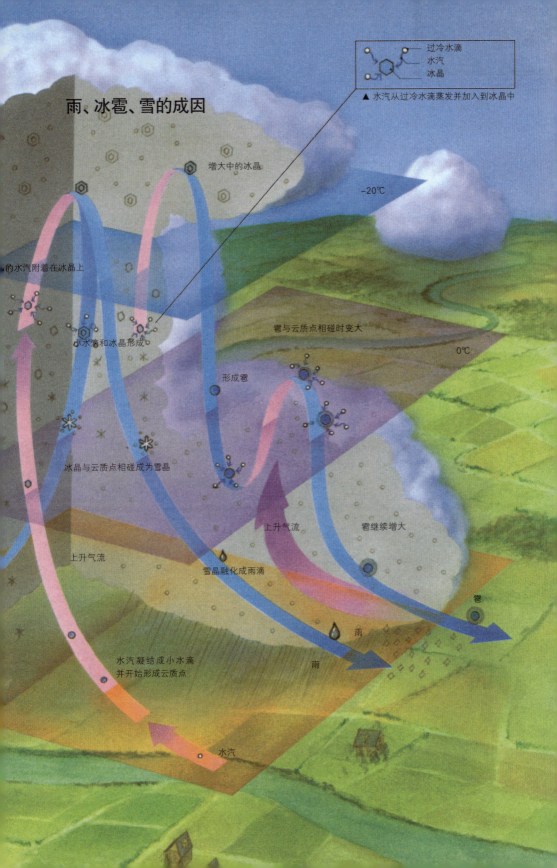

雨、冰雹、雪的成因

过冷水滴
水汽
冰晶

▲ 水汽从过冷水滴蒸发并加入到冰晶中

增大中的冰晶

−20℃

的水汽附着在冰晶上

小水滴和冰晶形成

雹与云质点相碰时变大

0℃

形成雹

冰晶与云质点相碰成为雪晶

上升气流

雹继续增大

上升气流

雪晶融化成雨滴

雹

雨

水汽凝结成小水滴
并开始形成云质点

雨

水汽

雨 〉

雨是从云中降落的水滴。陆地和海洋表面的水蒸发变成水蒸气，水蒸气上升到一定高度之后遇冷变成小水滴，这些小水滴组成了云，它们在云里互相碰撞，合并成大水滴，当它大到空气托不住的时候，就从云中落了下来，形成了雨。雨的成因多种多样，它的表现形态也各具特色，有毛毛细雨，有连绵不断的阴雨，还有倾盆而下的阵雨。雨水是人类生活中最重要的淡水资源，植物也要靠雨露的滋润而茁壮成长。但暴雨造成的洪水也会给人类带来巨大的灾难。

地球上的水受到太阳光的照射后，就变成水蒸气被蒸发到空气中去了。水蒸气在高空遇到冷空气便凝聚成小水滴。这些小水滴都很小，直径只有0.0001~0.0002毫米，最大也只有0.002毫米。它们又小又轻，被空气中的上升气流托在空中。就是这些小水滴在空中聚成了云。这些小水滴要变成雨滴降到地面，它的体积要增大100多万倍。这些小水滴是怎样使自己的体积增长到100多万倍的

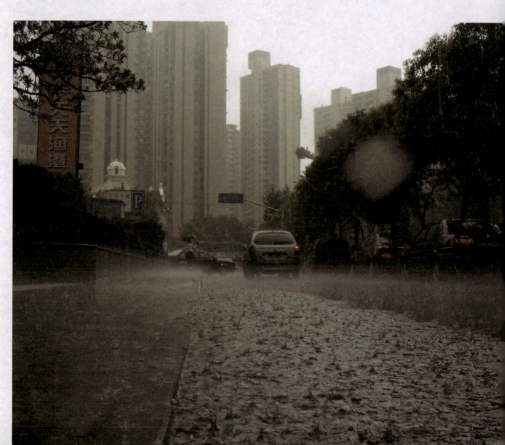

呢？它主要依靠两个手段，一是依靠凝结和凝华增大，二是依靠云滴的碰撞增大。在雨滴形成的初期，云滴主要依靠不断吸收云体四周的水汽来使自己凝结和凝华。如果云体内的水汽能源源不断得到供应和补充，使云滴表面经常处于过饱和状态，那么，这种凝结过程将会继续下去，使云滴不断增大，成为雨滴。但有时云内的水汽含量有限，在同一块云里，水汽往往供不应求，这样就不可能使每个云滴都增大为较大的雨滴，有些较小的云滴只好归并到较大的云滴中去。如果云内出现水滴和冰晶共存的情况，那么，这种凝结和凝华增大过程将大大加快。当云中的云滴增大到一定程度时，由于大云滴的体积和重量不断增加，它们在下降过程中不仅能赶上那些速度较慢的小云滴，而且还会"吞并"更多的小云滴而使自己壮大起来。当大云滴越长越大，最后大到空气再也托不住它时，便从云中直落到地面，成为我们常见的雨水。

49

因对流作用而上升的气流   暖空气在冷空气上方爬升

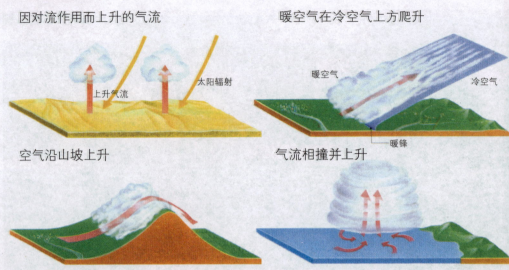

雨的分类 〉

⊠ 按照降水的成因分

对流雨：对流雨是因地表局部受热，气温向上递减率过大，大气稳定性降低，因而发生垂直上升运动，形成动力冷却而降雨。因对流上升速度较快，形成的云多为垂直发展的积状云，降雨强度大，但雨面不广，历时也较短。

锋面雨：在较大范围内在各水平高度上具有较均匀的温湿特性，并在气压场作用下向共同方向移动的大气团体，称为气团。两个温湿特性不同的气团相遇时，在其接触处由于性质不同来不及混合而形成的一个不连续面，称为锋面。所谓不连续面实际上是一个过渡带，所以有时又称为锋区。锋面与地面的交线称为锋线。现在习惯上把锋面和锋线通称为锋。锋的长度从数百公里到数千公里不等，锋面伸展高度，低的离地 1~2 千米，高的可达 10 多千米。由于冷暖气团密度不同，暖空气总是位于冷空气的上方，在地转偏向力的作用下，锋面向冷空气一侧倾斜。我国锋面坡度一般在 1/50~1/300 之间。由于锋面两侧温度、湿度、气压等气象要素有明显的差别，锋面附近常伴有云、雨、大风等天气现象。锋面活动产生的降水，统称为锋面雨。

地形雨：地形雨是空气在运移途中，因所经地面的地形升高而被抬升时，由于动力冷却而成云致雨。地形雨降雨特性，因空气本身温湿特性，运行速度以及地形特点而异，差别较大。

气旋雨：当一地区气压低于四周气压时，四周气流就要向该处汇集。它是我国各季降雨的重要天气系统之一。气旋雨可分为非锋面雨和锋面雨两种。非锋面气旋雨是气流向低压辐合而引起气流上升所致，锋面气旋雨是由锋面上气旋波所产生的。气旋波是低层大气中的一种锋面波动。气旋波发生在温带地区，所以叫温带气旋波，气旋波发展到一定的深度就形成气旋。江淮气旋就是发生在江淮流域及湘赣地区的锋面气旋，在春夏两季出现较多，特别在梅雨期间的六七月份更为活跃，是造成江淮地区暴雨的重要天气系统之一。

⊠ 按照降水量的大小

雨的划分为小雨、中雨、大雨、暴雨、大暴雨和特大暴雨 6 个等级。

小雨：0.1 ~ 9.9 毫米 / 天；

中雨：10 ~ 24.9 毫米 / 天；

大雨：25 ~ 49.9 毫米 / 天；

暴雨：50 ~ 99.9 毫米 / 天；

大暴雨：100 ~ 200 毫米 / 天；

特大暴雨：大于 200 毫米 / 天。

梅雨 〉

梅雨指中国长江中下游地区、日本中南部、韩国南部等地，每年6月中下旬至7月上半月之间持续天阴有雨的气候现象，此时段正是江南梅子的成熟期，故称其为"梅雨"。梅雨季节中，空气湿度大、气温高，衣物等容易发霉，所以也有人把梅雨称为同音的"霉雨"。连绵多雨的梅雨季过后，天气开始由太平洋副热带高压主导，正式进入炎热的夏季。

梅雨开始的日子为"入梅"（或"立梅"），结束那天为"出梅"（或"断梅"）。梅雨开始的时间，大致上纬度越高则时间越晚。日本大约在5月下旬入梅，7月下旬出梅。中国长江中下游地区，平均每年6月中旬入梅，7月上旬出梅，但具体各地有所差异，浙江地区是农历五月份入梅，具体是逢芒种后的壬日入梅，夏至后庚日出梅。

雨与愁绪

很多人在下雨的时候，情绪会变得阴沉，这种心情的变化不仅仅是心理反应，和人体的生理机能也有着千丝万缕的联系。一般来说，下雨时的阴天会刺激人脑中松果体的活跃。松果体深藏在人脑内中脑前丘和丘脑之间，是一个长约 5 ~ 8mm，宽约 3 ~ 5mm 的灰红色椭圆形的豆状小体。别看它小，可是它的能力可不小。虽然松果体平日里藏在脑内深处，但是它对于光线的感知还是极其厉害的。当它接受持续光照时，个体就会变小，细胞活动也降低不少。但是一旦外界环境变暗，或者不接受阳光照射的时候，它便会撒欢起来。它一活跃不要紧，大量分泌的松果激素便让整个人体内的其他激素水平都相对降低了，而这些相对浓度降低的激素里，恰恰有激发振奋功能作用的甲状腺素和肾上腺素。这样一来，我们就相对的容易表现出情绪欠佳，甚至萎靡不振。如果恰逢长期的阴雨季节，那么情绪的低沉便会更加明显了。

除了阳光问题，低温低压也是造成我们情绪不佳的另一个原因。刚才说到，由于下雨水蒸气大量聚集，空气中气压便会降低。如果气压低了，大家都知道会憋气。这一憋气，稍微动一下就需要比平时更多的氧气，正是所谓的事倍功半。虽然，这一切都在不知不觉中发生，也不会有什么切实的"功绩"损

失，但是因为身体的不适，必然会造成心理上的不舒服。同时，人体在低压环境下对于温度更加敏感，下雨时空气流动加强，温度自然也随之降低。我们都知道，这温度一低，人就不愿意动。这是由于人体的自身防御机制被启动了，低温条件下许多器官都会受损，所以大脑在处理低温信号时，就会告诉一些运动神经别太活跃了。神经对于各种信号的处理迟缓了，自然心情也会受到影响了。

雪 〉

大气里以固态形式落到地球表面上的降水，叫做大气固态降水。雪是大气固态降水中的一种最广泛、最普遍、最主要的形式。大气固态降水是多种多样的，除了美丽的雪花以外，还包括能造成很大危害的冰雹，还有我们不经常见到的雪霰和冰粒。

由于天空中气象条件和生长环境的差异，造成了形形色色的大气固态降水。这些大气固态降水的叫法因地而异，因人而异，名目繁多，极不统一。为了方便起见，国际水文协会所属的国际雪冰委员会，在征求各国专家意见的基础上，于1949年召开了一个专门性的国际会议，会上通过了关于大气固态降水简明分类的提案。这个简明分类，把大气固态降水分为十种：雪片、星形雪花、柱状雪晶、针状雪晶、多枝状雪晶、轴状雪晶、不规则雪晶、霰、冰粒和雹。前面的七种统称为雪。为什么后面三种不能叫做雪呢？原来由气态的水汽变成固态的水有两个过程，一个是水汽先变成水，然后水再凝结成冰晶；还有一种是水汽不经过水，直接变成冰晶，这种过程叫做水的凝华。所以说雪是天空中的水汽经凝华而来的固态降水。

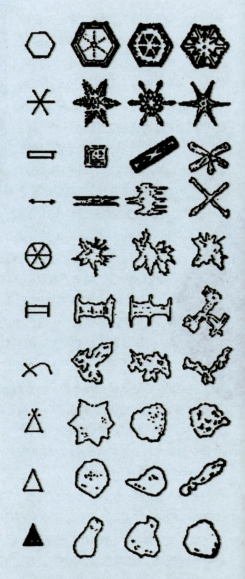

十种大气固态降水示意图，从上向下分别为：雪片、星形雪花、柱状雪晶、针状雪晶、多枝状雪晶、轴状雪晶、不规则雪晶、霰、冰粒、雹。

雪的形成 >

在天空中运动的水汽怎样才能形成降雪呢？是不是温度低于零摄氏度就可以了？不是的，水汽想要结晶，形成降雪，必须具备两个条件：

一个条件是水汽饱和。空气在某一个温度下所能包含的最大水汽量，叫做饱和水汽量。空气达到饱和时的温度，叫做露点。饱和的空气冷却到露点以下的温度时，空气里就有多余的水汽变成水滴或冰晶。因为冰面饱和水汽含量比水面要低，所以冰晶生长所要求的水汽饱和程度比水滴要低。也就是说，水滴必须在相对湿度（相对湿度是指空气中的实际水汽压与同温度下空气的饱和水汽压的比值）不小于100%时才能增长；而冰晶呢，往往相对湿度不足100%时也能增长。例如，空气温度为-20℃时，相对湿度只有80%，冰晶就能增长了。气温越低，冰晶增长所需要的湿度越小。因此，在高空低温环境里，冰晶比水滴更容易

产生。

另一个条件是空气里必须有凝结核。有人做过试验，如果没有凝结核，空气里的水汽，过饱和到相对湿度500%以上的程度才有可能凝聚成水滴。但这样大的过饱和现象在自然大气里是不会存在的。所以没有凝结核的话，我们地球上就很难能见到雨雪。凝结核是一些悬浮在空中的很微小的固体微粒。最理想的凝结核是那些吸收水分最强的物质微粒，比如说海盐、硫酸、氮和其他一些化学物质的微粒。所以我们有时才会见到天空中有云，却不见降雪，在这种情况下，人们往往采用人工降雪。

雪花到底有多大？ 〉

诗人李白在形容燕山雪花时有一句著名诗句："燕山雪花大如席"。雪花真的有那么大吗？其实，雪花是很小的。不要说"大如席"的雪花科学史上没有记录，就是"鹅毛大雪"，也是不容易遇到的。

事实上，我们能够见到的单个雪花，它们的直径一般在0.5～3.0毫米之间。这样微小的雪花只有在极精确的分析天平上才能称出它们的重量，大约3000～10000个雪花加在一起才有1克重。有位科学家粗略统计了一下，1立方米的雪里面约有60～80亿颗雪花，比地球上的总人口数还要多。

雪花晶体的大小，完全取决于水汽凝华结晶时的温度状况。在非常严寒时形成的雪晶很小，几乎看不见，只有在阳光下闪烁时，人们才能发现它们像金刚石粉末似的存在着。

据研究，温度对雪晶大小存在影响：当气温为-36℃时，雪晶的平均面积是0.017平方毫米；当气温为-24℃时，平均面积是0.034平方毫米；气温为-18℃时，平均面积是0.084平方毫米；-6℃时，为0.256平方毫米；气温在-3℃时，雪晶的平均面积增大到0.811平方毫米。

人们有种错误的感觉，

这种感觉常常是从有些文学作品描写天气严寒时喜欢用"鹅毛大雪"得来的。其实，"鹅毛大雪"是气温接近0℃左右时的产物，并不是严寒气候的象征。相反，雪花越大，说明当时的温度相对比较高。三九严寒很少出现鹅毛大雪，只有在秋末初冬或冬末初春时，才有可能下鹅毛大雪。所谓的鹅毛大雪，其实并不是一颗雪花，而是由许多雪花粘连在一起而形成的。单个的雪花晶体，直径最大也不会超过10毫米，至多像我们指甲那样大小，称不上鹅毛大雪。

在温度相对比较高的情况下，雪花晶体很容易互相联结起来，这种现象称为雪花的并合。尤其当气温接近0℃，空气比较潮湿的时候，雪花的并合能力特别大，往往成百上千朵雪花并合成一片鹅毛大雪。因此，严格地说，鹅毛大雪并不能称为雪花，它仅仅是许多雪花的聚合体而已。

雪花的形态 >

早在公元前的西汉时代,《韩诗外传》中就指出:"凡草木花多五出,雪花独六出。"雪的基本形状是六角形。但在不同的环境下,却可表现出各种各样的形态。

世界上有不少雪花图案收集者,他们收集了各种雪花图案。有人花了毕生精力拍摄了成千上万张雪花照片,发现将近

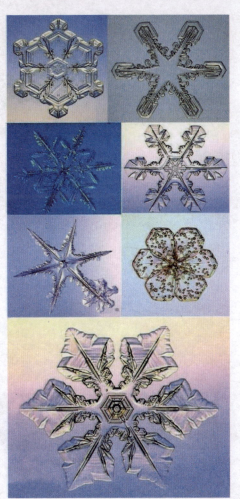

有6000种彼此不同的雪花,但他生前认为这不过是大自然落到他手中的少部分雪花而已,以至于有人说没有两朵大小和形状完全相同的雪花。

为什么雪花的基本形态是六角形的片状和柱状呢?

这和水汽凝华结晶时的晶体习性有关。水汽凝华结晶成的雪花和天然水冻结的冰都属于六方晶系。我们在博物馆里很容易被那纯洁透明的水晶吸引。水晶和冰晶一样,都是六方晶系,不过水晶是二氧化硅(SiO_2)的结晶,冰晶是水(H_2O)的结晶罢了。

六方晶系具有四个结晶轴,其中三个辅轴在一个基面上,互相以60度的角度相交,第四轴(主晶轴)与三个辅轴所形成的基面垂直。六方晶系最典型的代表就像是几何学上的一个正六面柱体。当水汽凝华结晶的时候,如果主晶轴比其他三个辅轴发育得慢,并且很短,那么晶体就形成片状;倘若主晶轴发育很快,延伸很长,那么晶体就形成柱状。雪花之所以一般是六角形的,是因为沿主晶轴方向晶体生长的速度要比沿三个辅轴方向慢得多的缘故。

● 气候类型

气候也与一切自然现象一样，它的分布和变化并非杂乱无章，而是异中有同，变中有常，呈现出一定的规律性。在综合考虑形成气候诸因素的基础上，通过分析构成气候差异的基本矛盾，即冷与暖、干与湿以及高气压与低气压的矛盾，并结合与自然景观的关系，可以把错综复杂的世界气候加以简化和归纳，划分出若干气候型。具有相同的纬度和海陆位置，因而在全球大气环流中所处地位相同的地区，往往属于同一气候型，而各气候型之间的具体界线，则受制于地形等因素。所谓世界气候分布规律，直接体现在各气候型排列组合上。形成气候的主导因素，即太阳光热在地球表面的不均衡分布所引起的热力差异和由此产生的全球性气压带、风带及其季节位移，导致各气候型普遍具有按纬度更替的趋向，这是世界气候分布的基本规律——纬向地带性。另一方面，海陆分布、洋流、地形等因素，又不同程度地破坏了气候的纬向地带性，使在同一纬度地带的气候，出现西岸、内陆和东岸的差异，以及由不同地

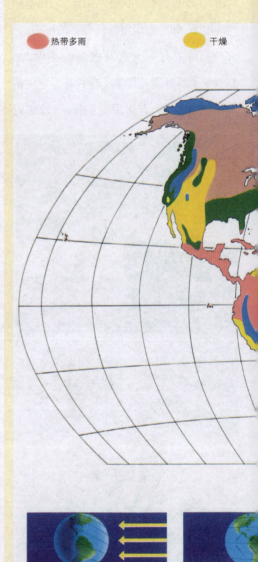

热带多雨　　　　　干燥

纬度　　　　　盛行风

世界气候分布图

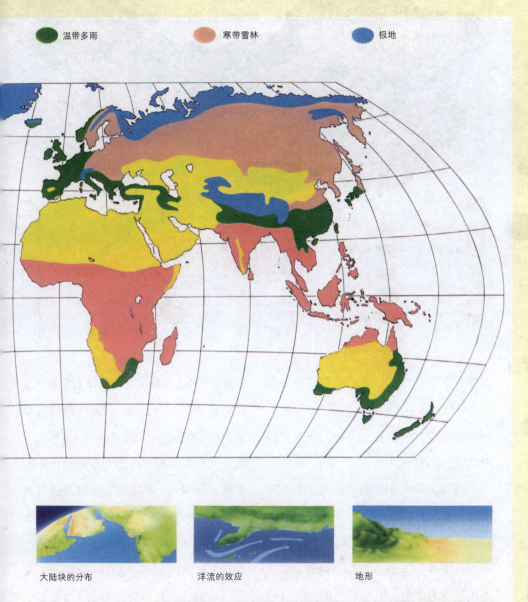

温带多雨　　寒带雪林　　极地

大陆块的分布　　　洋流的效应　　　地形

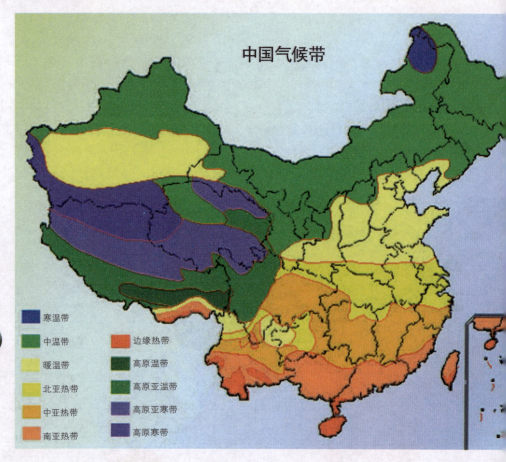

中国气候带

寒温带

中温带   边缘热带

暖温带   高原温带

北亚热带   高原亚温带

中亚热带   高原亚寒带

南亚热带   高原寒带

形条件引起的差异, 这是世界气候分布的非纬向地带性。两者既有联系, 又有区别, 一幅世界气候型分布图式, 就是它们对立统一的产物。

　　按得到的太阳光热的多寡, 地球表面被分为五个基本气候带: 热带、南温带和北温带、南寒带和北寒带。气候学上通常用等温线作为划分气候带的界线。一般用最热月均温10℃等温线作为寒带和

温带分界线, 用最冷月均温18℃等温线作为温带和热带分界线。温带所跨纬度最宽, 高、低纬之间气温差别很大, 所以习惯上又在温带范围内进一步划分出亚寒带和亚热带。前者是温带向寒带的过渡地带, 后者是向热带的过渡地带。在每个气候带内, 根据气温、降水等气候要素在空间上和时间上不平衡分布的特点, 又进一步划分出各种气候类型。从世界气

候分布图上可以看到，各大陆气候类型的排列、组合尽管复杂多样，但是纬向地带性规律的烙印仍然清晰可见，从赤道到极地，各种气候类型基本上是按纬度更替的。

在大陆的低纬和高纬地带，气候的纬向地带性表现得尤其明显，因为在这两个纬度地带，冷与暖的矛盾处于比较稳定有常的状态。前者接收太阳光热多，暖空气是矛盾主要方面，全年高温，长夏无冬；后者接收太阳光热少，冷空气是矛盾主要方面，全年低温，长冬无夏。因而在低纬和高纬地带，各种气候类型均按纬度南北更替，多呈带状分布，有的甚至横贯大陆东西。例如低纬地带的赤道多雨气候、热带干湿季气候、热带干旱与半干旱气候，高纬地带的极地冰原气候、极地长寒气候、亚寒带大陆性气候等，都是体现纬向地带性较显著的气候类型。

热带雨林气候 〉

QIHOUWUYU

位于各洲的赤道两侧，向南、北延伸5°～10°左右，如南美洲的亚马逊平原，非洲的刚果盆地和几内亚湾沿岸，亚洲东南部的一些群岛等。这些地区位于赤道低压带，气流以上升运动为主，水汽凝结致雨的机会多，全年多雨，无干季，年降水量在2000毫米以上，最少雨月降水量也超过60毫米，且多雷阵雨；各月平均气温为25°～28℃，全年长夏，无季节变化，年较差一般小于3℃，而平均日较差可达6°～12℃。在这种终年高温多雨的气候条件下，植物可以常年生长，树种繁多，植被茂密成层。

特点：全年高温多雨

分布：赤道附近（南、北纬10°之间）

成因：全年受赤道低压控制，盛行上升气流

典型地区：亚马逊河流域，刚果河流域，印度尼西亚

热带草原气候 ❯

这种气候主要分布在赤道多雨气候区的两侧,即南、北纬5°～15°左右(有的伸达25°)的中美、南美和非洲。其主要特点,首先是由于赤道低压带和信风带的南北移动、交替影响,一年之中干、湿季分明。年降水量一般在700—1000毫米。当受赤道低压带控制时,盛行赤道海洋气团,且有辐合上升气流,形成湿季,潮湿多雨,遍地生长着茂密的高草和灌木,并杂有稀疏的乔木,即稀树草原景观。当受信风影响时,盛行热带大陆气团,干燥少雨,形成干季,土壤干裂,草丛枯黄,树木落叶。与赤道多雨气候相比,一年至少有1～2个月的干季。其次是全年气温都较高,具有低纬度高温的特色,最冷月平均温度在16～18℃以上。最热月出现在干季之后、雨季之前,因此,本区气候一般年分干、热、雨三个季节。气温年较差稍大于赤道多雨气候区。

特点:全年高温,湿季多雨(有干湿两季)

分布:非洲、南美洲附近热带雨林两侧(南、北纬5°～15°)

成因:低压(湿季)与信风带(干季)交替控制

65

热带沙漠气候 ❯

　　它分布于热带干湿季气候区以外，大致在南、北纬15°~30°之间，以非洲北部、西南亚和澳大利亚中西部分布最广。热带干旱气候区常年处在副热带高气压和信风的控制下，盛行热带大陆气团，气流下沉，所以炎热、干燥成了这种气候的主要特征；气温高，有世界"热极"之称。降水极少，年降雨量不足200毫米，且变率很大，甚至多年无雨，加以日照强烈，蒸发旺盛，更加剧了气候的干燥性。热带半干旱气候，分布于热带干旱气候区的外缘，其主要特征：一是有一短暂的雨季，年降水量可增至500毫米；二是向高纬一侧的气温不如向低纬一侧的高。

　　特点：全年高温少雨

　　分布：回归线附近，大陆西岸沿岸（南、北纬15°~30°）

　　成因：副热带高压与信风带控制

热带季风气候 〉

热带季风气候分布于北纬10°至25°之间的大陆东岸。主要分布在我国台湾南部、雷州半岛、海南岛，以及中南半岛、印度半岛的大部分地区、菲律宾群岛；此外，在澳大利亚大陆北部沿海地带也有分布。这里全年气温皆高，年平均气温在20℃以上，最冷月一般在18℃以上。年降水量大，集中在夏季，这是由于夏季在赤道海洋气团控制下，多对流雨，再加上热带气旋过境带来大量降水，因此造成比热带干湿季气候更多的夏雨；在一些迎风海岸，因地形作用，夏季降水甚至超过赤道多雨气候区。年降水量一般在1500～2000毫米以上。本区热带季风发达，有明显的干湿季，即在北半球冬吹东北风，形成干季；夏吹来自印度洋的西南风（南半球为西北风），富含水汽，降水集中，形成湿季。

特点：全年高温，夏季多雨，有旱雨两季

分布：印度半岛，中南半岛（北纬10°至25°大陆东岸）

成因：海陆热力差异和气压带风带的季节性移动

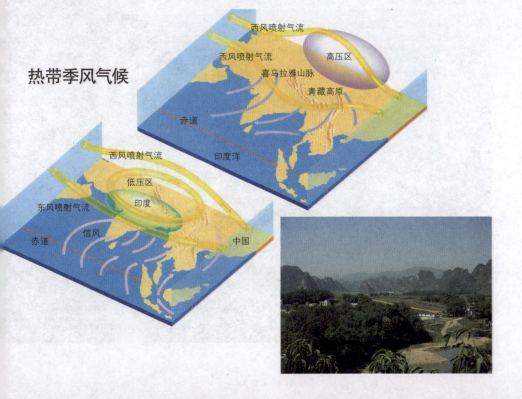

热带季风气候

地中海气候 ＞

位于副热带纬度的大陆西岸，约在纬度30°~40°之间，包括地中海沿岸、美国加利福尼亚州沿海、南美智利中部沿海、南非的南端和澳大利亚的南端。它是处在热带半干旱气候与温带海洋性气候之间的过渡地带。这些地区受气压带季节位移影响显著，夏季受副热带高气压控制，气流下沉，因而除大陆西部沿海受寒流影响外，夏温十分炎热，下沉气流不利兴云致雨，所以气候干燥；冬季受西风影响，温和湿润。全年雨量适中，年降水量在300~1000毫米之间，主要集中在冬季。

特点：夏季高温少雨，冬季温和多雨

分布：南、北纬30°~40°大陆西岸

成因：西风带与副热带高气压交替控制

QIHOUWUYU

亚热带季风气候 〉

出现在北纬25°~35°亚热带大陆东岸,它是热带海洋气团和极地大陆气团交替控制和互相角逐交绥的地带。主要分布在我国东部秦岭淮河以南、热带季风气候型以北的地带,以及日本南部和朝鲜半岛南部等地。这里冬季温暖,最冷月平均气温在0℃以上;夏季炎热,最热月平均气温高于22℃,气温的季节变化显著,四季分明。年降水量一般在1000~1500毫米,夏季较多,但无明显干季。同温带季风气候相比,季节变化基本相似,只是冬温相对较高,年降水量增多。

特点:夏季炎热多雨,冬季低温少雨
分布:北纬25°~35°大陆东岸
成因:海陆热力差异

亚热带季风性湿润气候 〉

亚热带季风性湿润气候在北美洲东南部及南美洲阿根廷东部地区及澳大利亚的东南部分布。这些地区，由于冬季也有相当数量的降水，冬夏干湿差别不大，所以叫亚热带季风性湿润气候。1月平均温普遍在0℃以上，夏季较热，7月平均温一般为25℃左右，冬夏风向有明显变化，年降水量一般在1000毫米以上，主要集中在夏季，冬季较少。

亚热带沙漠气候 ⟩

亚热带沙漠气候是热带沙漠气候向高纬的延伸。与热带沙漠气候的共同点：少雨、少云、日照强、气温高、蒸发旺盛。与热带沙漠气候的不同点是：凉季气温较低，年较差比热带沙漠气候大。原因在于盛夏时气温与热带沙漠气候相似，但凉季时因纬度较高获得太阳辐射少，且有极地大陆气团侵入。凉季有气旋雨。凉季常受温带气旋影响，8月份（南半球为2月份）热带海洋气团入侵。有少量的对流雨。亚热带草原和沙漠气候主要分布在南、北纬25°～35°的大陆西部和内陆地区，其基本特点与热带沙漠气候相似。具体分布于：北非、约旦、叙利亚、伊拉克、美国西南部、墨西哥北部、澳大利亚南部、潘帕斯南部、巴塔哥尼亚和南非部分地区。

特点：全年干旱少雨，夏季高温炎热

分布：南、北纬25°～35°的大陆西部和内陆地区

成因：受副高和干燥信风作用

71

温带海洋性气候 〉

温带海洋性气候位于大陆西岸,南、北纬40°~60°地区。终年处在西风带,深受海洋气团影响,沿岸又有暖流经过,冬无严寒,夏无酷暑,最冷月平均气温在0℃以上,最热月在22℃以下,气温年、日较差都小。全年都有降水,秋冬较多,年降水量在1000毫米以上,在山地迎风坡可达2000~3000毫米以上。这种气候在西欧最为典型,分布面积最大,在南、北美大陆西岸相应的纬度地带以及大洋洲的塔斯马尼亚岛和新西兰等地也有分布。

特点:全年温和,降水均匀,最冷月大于0℃

分布:南、北纬40°~60°大陆西岸

成因:受中纬西风和副极地低气压控制

温带季风气候

出现在南、北纬35°~55°左右的大陆东岸，包括我国华北和东北、朝鲜的大部、日本的北部以及苏联远东地区的一部分。冬季这里受来自高纬内陆偏北风的影响，盛行极地大陆气团，寒冷干燥；夏季受极地海洋气团或变性热带海洋气团影响，盛行东和南风，暖热多雨，雨热同季。年降水量1000毫米左右，约有三分之二集中于夏季。全年四季分明，天气多变，随着纬度的增高，冬、夏气温变幅相应增大，而降水逐渐减少。

特点：夏季高温多雨，冬季寒冷干燥

分布：南、北纬35°~55°左右的大陆东岸

成因：海陆热力差异

73

温带大陆性湿润气候 〉

温带大陆性湿润气候：位于北美大陆东部西经100°以东和亚欧大陆温带海洋性气候区的东侧。该气候在气温和降水上的变化同温带季风气候有些类似，但风力和风向的季节变化没有温带季风气候显著。冬季受气旋影响，降水比温带季风气候稍多。夏季雨水的集中程度没有温带季风气候显著。

特点：夏季炎热多对流雨、冬季寒冷少雨

分布：北美洲西经100°以东、北纬40°～60°的地区

成因：从海洋来的西风经过大陆变性作用，气温较低且湿度较低，但常有锋面气旋经过。冬季降水比较少，但温带海洋性气候比温带季风气候要多

温带大陆性气候 〉

主要分布在北纬35°~50°的亚洲和北美大陆的中心部分。这里深居内陆或沿海有高山屏峙，不受海风影响，终年为极地大陆气团，冬寒夏热，气温年、日较差都大，降水量少，呈现大陆性气候特征。由于所处纬度的不同，加之在南美大陆的阿根廷中南部因处于西风带的雨影地区，来自太平洋的气流越过安第斯山脉后下沉而绝热增温，沿海又有寒流经过，空气稳定，所以全年干旱少雨，亦呈现温带大陆性干旱半干旱气候特征。上述地区由于干旱程度不同，自然植被有明显差异。干旱地区年降水量一般在250毫米以下，植物很少，呈现荒漠景色；在干旱区外围，年降水量在250~500毫米之间，为半干旱地区。此外，也有将亚寒带针叶林气候分入温带大陆性气候内的。

特点：冬夏温差大，全年降水少

分布：北纬35°~50°大陆内部

成因：距海较远，纬度较高

QIHOU WUYU

亚寒带气候 〉

亚寒带大陆性气候为其主要类型。这种气候出现在北纬50°~65°之间，也称亚寒带针叶林气候，呈带状分布，横贯北美和亚欧大陆。具体来说，在北美从阿拉斯加经加拿大到拉布拉多和纽芬兰的大部分；在亚欧大陆西起斯堪的纳维亚半岛（南部除外），经芬兰和前苏联西部（南界在列宁格勒—高尔基城—斯维尔德洛夫斯克一线）至俄罗斯东部（除南部以外）。北部以最热月10℃等温线为界。这一带的气候主要受极地海洋气团和极地大陆气团的影响，并为极地大陆气团的发源地。在冬季，北极气团侵入机会很多；在暖季，热带大陆气团有时也能侵入。该类气候的主要特征是：冬季漫长而严寒，每年有5~7个月平均气温0℃以下，并经常出现−50℃的严寒天气；夏季短暂而温暖，月平均气温在10℃以上，高的时候可达18°~20℃，气温年较差特别大；年降水量一般为300~600毫米，以夏雨为主。因蒸发微弱，相对湿度很高。

极地冰原气候 〉

分布在极地及其附近地区，包括格陵兰、北冰洋的若干岛屿和南极大陆的冰原高原。这里是冰洋气团和南极气团的发源地，整个冬季处于永夜状态，夏半年虽是永昼，但阳光斜射，所得热量微弱，因而气候全年严寒，各月温度都在0℃以下；南极大陆的年平均气温为-25℃，是世界上最寒冷的大陆，1967年挪威人曾测得-94.5℃的绝对最低气温，可堪称为世界"寒极"。地面多被巨厚冰雪覆盖，又多凛冽风暴，植物难以生长。

QIHOU WUYU

极地苔原气候 〉

　　主要分布在亚欧大陆和北美大陆北冰洋沿岸，与冰原气候同为极地气候。常受冰洋气团和极地大陆气团影响，终年严寒。最热月平均气温1~5°C，降水少，蒸发弱，云量较高。自然植被主要是苔原（苔藓、地衣类）。

高原山地气候 ＞

　　在中纬度地区的高原地区，如青藏高原、安第斯山脉等地区，由于海拔较高，终年低温(自海平面起每上升100米气温下降0.6摄氏度)，形成了高原山地气候。高原山地气候的特点最重要的有两个——"地形高"和"气温冷"。

● 全球变暖：地球不能承受之"热"

这几年，越来越多的证据表明全球正处于变暖的过程中。科学家的研究告诉我们，导致最近几十年来全球变暖的罪魁祸首非常有可能是人类生产生活排放的大量温室气体。因为其可能导致的全球范围内的巨大环境灾难，全球变暖也引起了各国政府、媒体及民众的关注。为了避免人类活动导致的全球变暖问题造成不可挽回的环境灾难，各国政府已经在联合国气候变化框架公约的框架下召开了16次缔约国大会，2010年坎昆气候大会就是国际社会为了达成这一目标的最新一次努力。

对普通民众来说，全球变暖似乎只

是一个抽象的概念，是距离自己很遥远的事情，如何应对全球变暖则是政府部门的职责，跟自己没啥关系。其实不然，全球变暖是切实发生在每个人身旁的事情，它会对地球上每个人的生活造成影响，衣食住行可能都会受到全球变暖直接或间接的作用。作为地球村的一员，我们普通民众也应该了解一些基本的全球变暖知识，并积极从自己做起应对全球变暖。

"诺亚方舟"拯救了人类，这是《圣经·创世纪》中惊心动魄的故事。而如今的世界，面对全球变暖的威胁，会有什么样的诺亚方舟来拯救人类呢？如今，"全球变暖"已然超越了科学课题的狭窄范围，成为重大的国际政治、外交和经济话题。

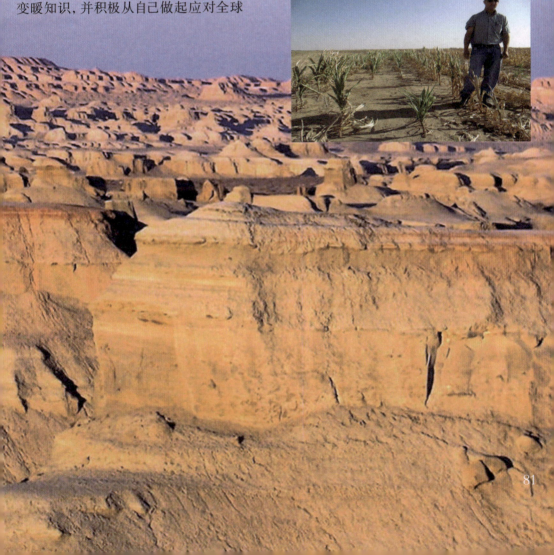

全球变暖的现状 〉

　　科学家发现不但全球平均温度在升高，而且其升高的速度也是在增加的。另外，温度升高的范围是全球性的，其中又以北半球的高纬度地区最为明显。同时，不光是地表温度升高，海洋观测资料和探空气球及卫星资料显示深海及高层大气也存在着相应的变化趋势。

⊠ 大范围的冰雪融化

　　始自 1978 年的卫星观测显示北极地区海冰的覆盖区域正在以平均每十年 2.7% 的速度缩减。南北半球的冰川和雪的覆盖面积均明显减少。同时，永久冻土区的温度从上世纪 80 年代起也已经升高 3 摄氏度。

⊠ 全球海平面上升

　　现有的观测表明全球海平面升高的速度已由 1961——2003 年的 1.8 毫米每年的速度升高至 1993——2003 年的 3.1 毫米每年。一般认为海平面的上升主要是由两部分构成：一是陆地冰川和冰盖的融化，二是温度升高引起的水体膨胀。现有的数据表明冰雪融化对海表面升高的贡献仅有 28%，而其余部分则主要是由于温度升高

北极冰层冰雪融化

导致的水体膨胀。这也算是全球变暖的间接证据之一。

⊠ 极端天气事件频率和强度的变化

这些年来，出现极端天气事件的频率和强度都引发社会各界相关人士的关注，如大多数地区极冷的天数减少，极热的天数增加；强降水事件增加；北大西洋地区热带气旋强度的增加等等。这些极端天气的出现正是大自然向人类发出的预警。

全球变暖的原因 >

从地球诞生开始，气候系统就一直处于变化之中，有的时候冷，有的时候热。也许有人会问：既然地球的气候一直在变化，那么没有人类之前气候为啥变化？科学家怎么知道最近几十年的全球变暖是由于人类活动引起的呢？那么我们就来看看都是哪些因素导致了气候变化，以及为什么科学家认为人类活动是最近几十年全球变暖的罪魁祸首的。

地球的气候系统是一个由大气、海洋、冰、生物和陆地构成的复杂系统。气候系统内的各个组成部分均能相互作用，比如海洋表面的温度分布是大气环流的主要驱动力之一，而大气运动产生的

风又能驱动海洋的上层环流。大气能够输运水汽，从而影响陆地的植被分布和表面径流状况，而植被的覆盖情况又能反过来影响地表的辐射收支，进而影响大气的温度场分布。尽管气候系统是如此的复杂，但通过气候学、大气科学、海洋学等各个领域内专家的努力，我们对于导致气候变化的因素已经有了一定的认识。这些影响气候变化的因素可以分为两大类：自然因素和人为因素。

在众多的自然因素中，首先应该提到的是太阳辐射。太阳是地球气候系统能量的最终来源(微弱的地热可以忽略)，其辐射强度的变化对于气候系统有很强

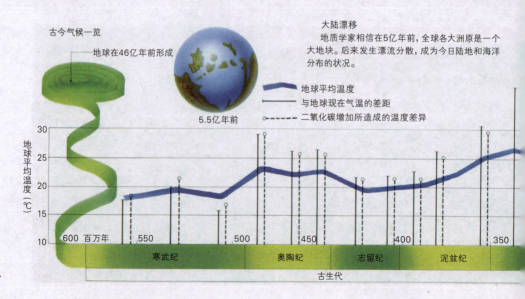

古今气候一览

地球在46亿年前形成

5.5亿年前

大陆漂移
地质学家相信在5亿年前，全球各大洲原是一个大地块。后来发生漂流分散，成为今日陆地和海洋分布的状况。

—— 地球平均温度
—— 与地球现在气温的差距
---- 二氧化碳增加所造成的温度差异

地球平均温度（℃）

30
25
20
15
10

600 百万年　550　500　450　400　350

寒武纪　　奥陶纪　　志留纪　　泥盆纪

古生代

的作用。不过，由于对于太阳辐射的直接观测历史较短，人们大多是用历史记录中的黑子数目及受辐射影响的同位素元素含量来间接地估计历史上太阳辐射的强弱。一般认为，太阳辐射的变化曾经导致了欧洲历史上的小冰河期等气候事件。

另一个自然因素是地球公转及自转轨道的变化。这类变化会改变到达地球的太阳辐射的总量及其在地球上不同纬度之间的分布，进而引起整个气候系统的变化。科学家通过对古气候资料的分析，已经发现了对应于轨道变化的古气候变化，也就是咱们平常谈到的冰期——间冰期的变化。这种用地球公转和自转轨道变化来解释冰期——间冰期的理论也被称为"米兰科维奇理论"。

气溶胶是另一个可以影响气候的自然因素。气溶胶是悬浮于大气中的液态或者固态小颗粒，自然状态下可能通过火山喷发等过程生成。它们对于气候系统的作用主要有两种：一是直接影响太阳辐射；二是形成云影响太阳辐射。因为云对于辐射的影响比较复杂，所以科学家对其第二种作用的估计还不是很准确。历史上气溶胶导致气候变化，大多是因为火山喷发释放出大量的硫化物和烟尘。这也是为啥2010年冰岛火山爆发后，有人认为全球气候可能会受到影响的原因。

还有一个可以影响气候系统的自然因素是地球的板块运动。地球表面由很

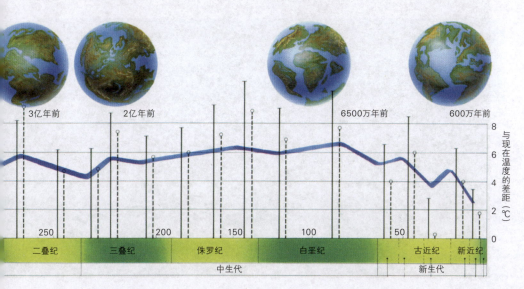

多的板块组成，而且板块一直在缓慢运动。板块的运动会改变海陆的分布，生成新的山脉，大洋环流和大气环流也会发生相应的变化。这些过程都会引起气候系统的变化。不过，因为板块运动的速度非常非常慢，这种变化的时间尺度应该是百万年级的。

以上提到的众多导致气候变化的自然因素在地球漫长的历史中一直起着主要的作用，但从人类出现开始，尤其是工业革命之后，人类的活动逐渐成为影响气候变化的主要因素。

人类活动对气候系统的影响主要通过以下三种途径实现。

⊠ 排放温室气体

温室气体的存在是地球表面能够维持现有温度的主要原因，它主要通过吸收地表发射的长波辐射的温室效应实现。当空气中的温室气体含量增加时，温室效应可以导致大气温度升高。已知的温室气体主要有二氧化碳、甲烷、一氧化二氮、臭氧和氟利昂等。值得一提的是，其实水蒸气也是非常重要的温室气体，不过因为它在空气中的滞留时间非常短，加上人类对其

直接影响较小，所以在气候系统中它主要是作为反馈机制起作用，也就是当二氧化碳等温室气体增加引起气温升高，水蒸气的含量也会相应增加，然后它作为温室气体又会增加温度升高的幅度，但其在大气中的浓度不会平白无故地自己变化。

⊠ 排放气溶胶

人类燃烧化石燃料在排放温室气体的同时，还会排放大量的气溶胶，如烟尘、硫化物等。这些物质在污染空气的同时，还会影响辐射能量在大气内部的传播和吸收。不过按照现有对气溶胶作用的理解，人类排放的气溶胶对气候的整体作用是降温。换句话说，空气污染反而缓解了全球变暖的趋势。如果我们将来把污染治理好了，就相当于又对全球变暖做贡献了。从这个角度说，治理空气污染反而成了一个两难的选择。

⊠ 地表状况的改变

地表状况的改变会影响到达地表的太阳辐射的反射强度，从而影响被地表吸收的太阳辐射的总量，进而也会对气候有相应的影响。

当这些自然因素或者人为因素发生变化之后，气候系统内部的反馈机制就开始起作用。这些反馈机制主要包括地球辐射、水蒸气、冰、云和大气海洋环流的作用。这些因素的共同作用就导致了我们看到的气候变化。另外，科学家现在之所以把最近几十年全球变暖的原因归结为人类活动，其中一个最主要的原因是仅考虑以上提到的自然因素解释不了这几十年的变暖趋势，而包含了人为因素尤其是人类活动导致的温室气体增加则可以很好地重现过去几十年的温度变化。

全球变暖的后果 〉

按照现有的科学认识，人类活动排放的大量温室气体已经导致了全球变暖的结果。科学家预测，如果人类不改变现有的生产生活方式，尤其是仍然不节制地排放温室气体，那么到21世纪末，气候系统将会发生重大的变化。这种变化会对自然环境、社会，经济及政治产生重大的影响。下面我们就看看全球变暖可能带来的部分后果。

⊠ 海平面升高

虽然对海平面升高机制的认识还比较有限，但 2007 年联合国政府间气候变化专门委员会报告中的多个气候模式预报结果表明：到 21 世纪末全球海平面升高幅度在 0.2–0.6 米之间。而最近几年的工作表明，这个数值很可能被低估了。海平面上升会导致部分海拔较低的湿地被淹没；在风暴潮等灾害来临时，将会对沿海区域造成更大的危害。再考虑到全球大多数的主要城市都集中在沿海地区，海平面的上升对于沿海地区的城市及人口会造成潜在的巨大危害。

⊠ 降水的分布及强度可能会发生变化

　　根据联合国政府间气候变化专门委员会预测，随着全球变暖的加剧，因为大气环流的改变，可能会出现高纬度地区降水增加、亚热带地区降水减少的情况。而且因为温度升高的缘故，大气中水蒸气的总体含量可能会增加，所以一旦降水发生，其强度将会比现在大。也就是说，将来暴雨出现的几率会更高，而这则会在某些区域引发洪涝灾害。

⊠ 极端天气事件出现的频率很可能增加

　　类似俄罗斯的热浪天气和巴基斯坦的暴雨有可能会越来越多，而这些极端天气往往会造成山火、洪涝等自然灾害，并对民众的生命财产造成危害。

⊠ 生物多样性受到破坏

　　一个典型的例子就是全球变暖会加剧珊瑚白化现象。像大堡礁那样色彩斑斓的珊瑚礁在全球海水变暖的情况下，会出现大范围白化的

情况。而那些生活在珊瑚礁中的生物，如漂亮的热带鱼等，也会因为珊瑚的白化而遭到灭顶之灾。可以预见如果全球变暖的趋势得不到控制，在以后我们可能就看不到那令人神往的热带海洋风光了。

　　除了以上的这些危害，全球变暖还会对公共健康、能源及水资源供给、农业生产等产生深远的影响。而这些问题的出现，还会进一步对社会稳定、国际政治经济等产生影响。能源资源、水资源、粮食资源，无论哪一个出现问题，都会导致严重的国际冲突。

应对全球变暖：积极行动起来 〉

按照现在主流科学界的认识，过去几十年的全球变暖主要是由于人类活动导致的温室气体增加所致。因为全球变暖可能引发的种种后果，诸如海平面升高，水循环变异，极端天气增加等，都会给人类社会带来极大的问题，所以全球变暖问题越来越受到民众和政府部门的关注，很多应对的措施也被提了出来。现阶段，这些措施大体可以分为四类：大力减排温室气体；积极发展可再生的新能源；主动适应全球变暖可能带来的经济和政治方面的后果；研发地球工程技术，主动缓解人类活动导致的全球变暖。

☒ 积极采取措施控制温室气体的排放

为了避免全球变暖导致的严重后果，联合国政府间气候变化专门委员会曾建议：以 1990 年的排放为标准，到 2020 年全球的温室气体排放应当减少 25——40 个百分点。只有这样才有可能把全球变暖的幅度（以工业革命前为标准）控制在 2 摄氏度，而仅在 20 世纪，全球平均温度就已经上升了 0.7 摄氏度了。各国政府应当抓紧在联合国气候变化公约的框架下协商建立有法律效力的硬性减排条款，毕竟留给我们的时间并不多了。可惜的是，在经历了多次高规格的气候大会后，此类条款出现的可能性依旧非常渺茫。

⊠ 大力推行清洁能源

　　如风能、太阳能、生物能和核能的研发和使用。多使用清洁能源代替传统能源，就能减少传统能源使用过程中产生的大量的温室气体排放。因为清洁能源的使用对于科技水平及资金的要求相对较高，所以这里就存在这一个科技水平高的发达国家向科技水平相对较低的发展中国家提供技术和资金帮助的问题，这个问题的解决也需要在联合国气候变化公约的框架下协商解决。2010年的坎昆会议正是在这点上取得一定的进展。

⊠ 加强对气候科学研究的支持

尽管通过众多科学家的努力,人类对于气候科学的研究已经取得了很大的进展,但其仍然存在着很多的难题,比如气候模式中的次网格过程参数化,云的参数化等等。作为解决全球变化问题的基础,更深刻的理解气候科学及其相关学科(大气科学、海洋科学等)是非常必要的,因此各国应当加强对气候科学研究的支持力度。

"恶劣气候研究中心"设立于科罗拉多州的Boulder(波尔德市),该中心始终致力于龙卷风、飓风和恶劣气候相关的研究。

⊠ 针对气候变暖可能导致的问题做好预案

最近几年全球反常的天气状况就可能与全球变暖有一定的关系。对于越来越多的极端天气,政府应当有一套快速反应的机制以减少生命和财产的损失。

日常生活中防止全球变暖的措施

　　驾驶相关：严守法定速度，保持轮胎胎压处于适当值，防止汽车急发动、急加速、急刹车，保持正常车距，防止汽车发动机空转，防止违法停车以免招致堵车，减少使用车内空调，汽车内不要堆积无用的东西；出行尽可能利用公共交通工具。

　　家居相关：停止室内电器待机状态，每次减少一分钟淋浴时间，停止设置电饭煲处于保温状态，家人尽量在同一房间活动，减少看电视的时间，购物时携带购物袋，避免购买过度包装的商品。

发动机排积碳，减少
有害气体排放

极端天气: 丧钟为谁而鸣?

过去几年, 洪水、暴雪等天气现象及其造成的重大损失经常占据各类媒体报道的头条。暴雪、狂风、洪水、干旱和热浪等之所以会被媒体广泛关注, 主要原因是这些极端的天气事件往往给民众的生活带来极大的不便, 有时还会造成巨大的生命和财产损失, 甚至有可能造成社会动荡的局面。

2010年发生在俄罗斯破纪录的热浪, 引起了全国大范围的野火和近40年来最严重干旱, 并导致了近900万公顷的农产品绝收。同年, 由于遭遇季风带来的强降雨, 巴基斯坦大概有五分之一的国土都发了洪水。据巴基斯坦政府统计, 这次洪水直接影响到了2000万人, 其中死亡人数2000多, 经济损失高达430亿美金。根据美国国家海洋和大气局的统计, 2011年全美共经历了14个由极端天气导致的重大灾害性事件, 造成损失总数超过550亿美元。撇去通货膨胀的影响, 这个数字超越了上世纪整个80年代所经历的天气灾害经济损失总和。而泰国、澳大利亚、哥伦比亚、斯里兰卡和柬埔寨等5个国家一年

内因极端天气造成的经济损失也达到有史以来的最高值。

按照世界气象组织的规定, 当气候要素(气压、气温、湿度等)的时、日、月、年值达到25年一遇, 或者与相应的30年平均值之差超过标准差的两倍时, 就可以将此归为极端天气。简而言之, 极端天气就是指严重偏离常态, 并且接近或者超出已有天气变化极值的天气现象, 在统计学意义上属于不易发生的事件, 是一种小概率事件。但是近几年报纸头条中那些多到让人麻木的"三十年一遇"、"五十年未见"、"百年不遇", 不禁让人质疑: "极端"为何成了常态?

针对极端天气事件, 早在2007年发布的IPCC AR4就提到过去几十年全球大多数地区极冷的天数减少, 极热的天数增加; 强降水事件增加; 北大西洋地区热带气旋强度增加等现象。更为让人不安的是从美国国家气候数据中心最新的数据来看, 从1980年到现在, 能造成10亿美元以上损失的极端天气事件的发生频率已经翻番了。

俄罗斯2010年夏天曾遭受历史罕见的旱灾，并引发森林大火，导致数千公顷的森林被毁。

2010年巴基斯坦强降雨

因为天气事件是跟气候状况紧密结合在一块的，那么一个很自然的问题就是：这些极端天气的发生到底跟气候变化有关系吗？这些极端天气跟我们人类的活动有关系吗？

天气现象确实与大的气候背景有关系，气候发生了变化，天气也应该会有相应的改变。不过，因为天气本身就是在变化的，所以这话反过来说就不对了。其实，在气候变化问题的研究中，全球变暖与极端天气之间的关系是最受关注，但确定性结论较少的研究方向之一。之所

以难以有确切的结论，这与气候系统的复杂性有关系。气候系统是一个包含了大气、海洋、冰、陆地、生物等圈层的复杂系统。每个圈层内也有众多的物理、化学和生物过程。虽然，通过科学家的努力，对整个系统的大趋势有了比较深入的了解，比如：二氧化碳浓度的升高会增强温室效应进而提高全球表面的平均温度；升高的温度会使陆地冰川融化以及海水膨胀从而导致海平面升高等。不过，具体到气候系统内部的某个区域或者具体某个时间段的过程，我们的认识还远

远不够，而极端天气恰恰属于这一类问题。

那么极端天气的出现是因为受到全球变暖的影响吗？

气候学家们对于这个问题的回答是比较谨慎的。一般认为，全球变暖可能会导致极端天气频率的增加和强度的增大，不过这是在统计意义上谈的，具体到某一次的极端天气，还是很难确定它是不是全球变暖导致的。

按照现在的研究，有些极端天气，比如高温、暴雨等，很可能已经并将继续受到全球变暖的影响。这个结论是基于观测数据以及气候学家对气候系统内过程研究的结果，以及公认的物理学知识，所以还是比较可信的。拿暴雨来说，因为水的蒸发过程和大气容纳水蒸气的能力都与温度有关，所以全球变暖发生后，水汽在气候系统各个圈层内及圈层之间的循环交流过程会发生变化，而这会造成降水频率、强度和分布的变化。具体来说，全球温度升高的过程中，陆地和海洋中的水分的蒸腾和蒸发过程会增强，所以原本干旱的地方很可能会更干旱。同时，大气的"蓄水"能力也会相应增加，因此降水发生时的可用水量也就大大增加。

QIHOUWUYU

这样的结果就是，一旦降水过程被触发，降水的强度比之变暖之前要大得多，因此也就更容易造成洪涝灾害。另外，全球变暖还会影响大气环流，进而影响高低压、上升下降气流等的空间分布。这些变化发生后，很多地区的小区域气候就会受到影响，原本很少出现的天气现象可能就会多起来。这对于已经适应原本正常频率和强度极端天气的人们来说，就会带来很多问题。比如，原本工作良好的城市排水系统就完全不够用了，进而导致严重的城市内涝问题。

考虑到现在普遍认为人类活动是导致全球变暖的主要原因，再加上全球变暖可以影响到某些极端天气的强度和发生频率，所以也可以说人类活动改变了极端天气的强度和频率。

虽然人类活动导致的全球变暖确实会影响某些极端天气的强度和频率，但具体到某一次极端天气事件，科学家还很难分清它是不是因为人类活动所致。之所以出现这种困境，主要还是因为可以影响到天气的因素太多了。除了全球变暖，一些持续周期较短的自然存在的气

候现象，如厄尔尼诺、拉尼娜，甚至季节更替都会对天气产生影响，而很多现象可导致的结果又是类似的。同时，因为受限于对这些短时间过程不够了解，现有数值模型的不足以及计算能力的欠缺，科学家们还不能大范围地开展利用模型评估各个相关过程对某次极端天气事件的影响，进而确定全球变暖在其发生过程中起到的作用。

虽然不是每一次极端天气事件都会带来毁灭性的灾难，但对于生态环境脆弱的地区来说，极端天气的危害常常是致命的。面对极端气候事件，提升灾害防御和管理能力是采取适应行动的当务之急，是任何国家和社会适应气候变化的第一道防线。

● 厄尔尼诺现象

厄尔尼诺为西班牙语 "EI Nino" 的音译。在南美厄瓜多尔和秘鲁沿岸，海水每年都会出现季节性增暖现象，因为这种现象发生在圣诞节前后，则被当地渔民称为厄尔尼诺，是 "圣婴"（上帝之子）的意思。现在厄尔尼诺一词已被气象和海洋学家用来专门指那些发生在赤道太平洋东部和中部海水的大范围持续异常增暖现象。上世纪80年代以来，厄尔尼诺发生频数明显增加，强度明显加强。

厄尔尼诺现象又称厄尔尼诺海流，是太平洋赤道带大范围内海洋和大气相互作用后失去平衡而产生的一种气候现象，就是沃克环流圈东移造成的。正常情况下，热带太平洋区域的季风洋流是从美洲走向亚洲，使太平洋表面保持温暖，给印尼周围带来热带降雨。但这种模式每2—7年被打乱一次，使风向和洋流发生逆转，太平洋表层的热流就转而向东走向美洲，随之便带走了热带降雨，出现所谓的 "厄尔尼诺现象"。

19世纪初，在南美洲的厄瓜多尔、秘鲁等西班牙语系的国家，渔民们发现，每隔几年，从10月至第二年的3月便会出现一股沿海岸南移的暖流，使表层海水温度明显升高。南美洲的太平洋东岸本来盛行的是秘鲁寒流，随着寒流移动的鱼群使秘鲁渔场成为世界三大渔场之一，

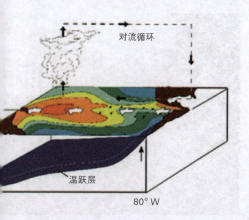

左图: 正常状态下的赤道大气环流, 西太平洋海温偏高, 伴有较强上升运动。

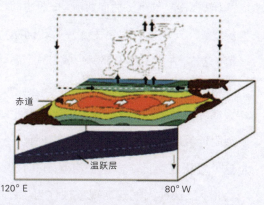

右图: 厄尔尼诺时的赤道大气环流, 东太平洋海温升高, 大气上升运动东移。

但这股暖流一出现, 性喜冷水的鱼类就会大量死亡, 使渔民们遭受灭顶之灾。由于这种现象最严重时往往在圣诞节前后, 于是遭受天灾而又无可奈何的渔民将其称为上帝之子——圣婴。后来, 在科学上此词语用于表示在秘鲁和厄瓜多尔附近几千公里的东太平洋海面温度的异常增暖现象。当这种现象发生时, 大范围的海水温度可比常年高出3~6℃。太平洋广大水域的水温升高, 改变了传统的赤道洋流和东南信风, 导致全球性的气候反常。

厄尔尼诺现象的基本特征是太平洋沿岸的海面水温异常升高, 海水水位上涨, 并形成一股暖流向南流动。它使原属冷水域的太平洋东部水域变成暖水域, 结果引起海啸和暴风骤雨, 造成一些地区干旱、另一些地区又降雨过多的异常气候现象。

厄尔尼诺的全过程分为发生期、发展期、维持期和衰减期, 历时一般一年左右, 大气的变化滞后于海水温度的变化。

在气象科学高度发达的今天, 人们已经了解: 太平洋的中央部分是北半球夏季气候变化的主要动力源。通常情况下, 太平洋沿南美大陆西侧有一股北上的秘鲁寒流, 其中一部分变成赤道海流向西移动, 此时, 沿赤道附近海域向西吹的季风使暖流向太平洋西侧积聚, 而下层冷海水则在东侧涌升, 使得太平洋西段菲律宾以南、新几内亚以北的海水温度升高, 这一段海域被称为"赤道暖池", 同纬度东段海温则相对较低。对应这两个海域上空的大气也存在温差, 东边的温度低、

101

气压高,冷空气下沉后向西流动;西边的温度高、气压低,热空气上升后转向东流,这样,在太平洋中部就形成了一个海平面冷空气向西流,高空热空气向东流的大气环流(沃克环流),这个环流在海平面附近就形成了东南信风。但有些时候,这个气压差会低于多年平均值,有时又会增大,这种大气变动现象被称为"南方涛动"。20世纪60年代,气象学家发现厄尔尼诺和南方涛动密切相关,气压差减小时,便出现厄尔尼诺现象。厄尔尼诺发生后,由于暖流的增温,太平洋由东向西流的季风大为减弱,使大气环流发生明显改变,极大影响了太平洋沿岸各国气

2010年,巴西、美国、秘鲁等美洲部分国家发生严重暴雨洪涝及次生灾害,气候监测及研究分析表明,厄尔尼诺事件是美洲部分国家严重暴雨洪涝灾害的主要原因。

候,本来湿润的地区干旱,本来干旱的地区出现洪涝。而这种气压差增大时,海水温度会异常降低,这种现象被称为"拉尼娜现象"。

20世纪60年代以后,随着观测手段的进步和科学的发展,人们发现厄尔尼诺现象不仅出现在南美等国沿海,而且遍及东太平洋沿赤道两侧的全部海域以及环太平洋国家;有些年份,甚至印度洋沿岸也会受到厄尔尼诺带来的气候异常的影响,发生一系列自然灾害。总的来看,它使南半球气候更加干热,使北半球气候更加寒冷

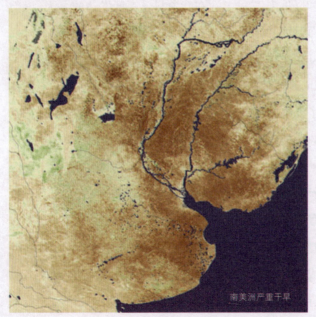

南美洲严重干旱

潮湿。

近年来，科学家对厄尔尼诺现象又提出了一些新的解释，即厄尔尼诺可能与海底地震、海水含盐量的变化，以及大气环流变化等有关。

厄尔尼诺现象是周期性出现的，每隔2—7年出现一次。至1997年的20年来厄尔尼诺现象分别在1976—1977年、1982—1983年、1986—1987年、1991—1993年和1994—1995年出现过5次。1982—1983年间出现的厄尔尼诺现象是20世纪以来最严重的一次，在全世界造成了大约1500人死亡和80亿美元的财产损失。进入90年代以后，随着全球变暖，厄尔尼诺现象出现得越来越频繁。

由于科技的发展和世界各国的重视，科学家们对厄尔尼诺现象通过采取一系列预报模型、海洋观测和卫星侦察，海洋大气偶合等科研活动，深化了对这种气候异常现象的认识。首先认识到厄尔尼诺现象出现的物理过程是海洋和大气相互作用的结果，即海洋温度的变化

与大气相关联。所以在20世纪80年代后，科学家们把厄尔尼诺现象称为"安索(enso)"现象。其次是热带海洋的增温不仅发生在南美智利海域，也发生在东太平洋和西太平洋。它无论发生在何时，都会迅速地导致全球气候的明显异常，它是气候变异的最强信号，会导致全球许多地区出现严重的干旱和水灾等自然灾害。

从我国6—8月主要雨带位置来看，在75%的厄尔尼诺年内，夏季雨带位置在江、淮流域。形象一点说，热带地区大气

低温冰冻灾害严重
影响农作物在生长

2009年阿根廷严重干旱导致牛死亡

环流的低频振荡可比做热带地区的心脏跳动，厄尔尼诺事件的发生就好像是热带地区得了心脏病，使得规律性的低频振荡出现了异常现象。

当上述厄尔尼诺现象发生时，遍及整个中、东以及太平洋海域，表面水温正距平高达3℃以上，海温的强烈上升造成水中浮游生物大量减少，秘鲁的渔业生产受到打击，同时造成厄瓜多尔等赤道太平洋地区发生洪涝或干旱灾害，这样的厄尔尼诺现象称为厄尔尼诺事件。一般认为海温连续3个月正距平在0.5℃以上，即可认为是一次厄尔尼诺事件。相反，如果南美沿岸海温连续3个月负距平在0.5℃以上，则认为是反厄尔尼诺事件，又称拉尼娜事件。当前据气象学家的研究普遍认为：厄尔尼诺事件的发生对全球不少地区的气候灾害有预兆意义，所以对它的监测已成为气候监测中一项重要的内容。

105

QIHOU WUYU

● 拉尼娜现象

拉尼娜是指赤道太平洋东部和中部海面温度持续异常偏冷的现象（与厄尔尼诺现象正好相反），是气象和海洋界使用的一个新名词。拉尼娜意为"小女孩"，正好与意为"圣婴"的厄尔尼诺相反，也称为"反厄尔尼诺"或"冷事件"。

厄尔尼诺和拉尼娜是赤道中、东太平洋海温冷暖交替变化的异常表现，这种海温的冷暖变化过程构成一种循环，在厄尔尼诺之后接着发生拉尼娜并非稀罕之事。同样拉尼娜后也会接着发生厄尔尼诺。但从1950年以来的记录来看，厄尔尼诺发生频率要高于拉尼娜。拉尼娜现象在当前全球气候变暖背景下频率趋缓，强度趋于变弱。特别是在20世纪90年代，1991年到1995年曾连续发生了三次厄尔尼诺，但中间没有发生拉尼娜。

那么，拉尼娜究竟是怎样形成的？厄尔尼诺与赤道中、东太平洋海温的增暖、信风的减弱相联系，而拉尼娜却与赤道中、东太平洋海温度变冷、信风的增强相关联。因此，实际上拉尼娜是热带海洋和大气共同作用的产物。

信风，是指低气中从热带地区刮向赤道地区的行风，在北半球被称为"东北信风"，南半球被称为"东南信风"，很久很久以前住在南美洲的西班牙人，利用这恒定的偏东风航行到东南亚开展商务

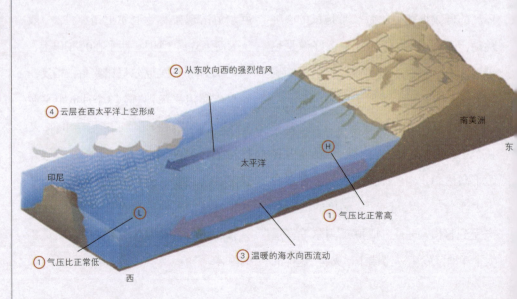

② 从东吹向西的强烈信风

④ 云层在西太平洋上空形成

南美洲

东

太平洋

H

印尼

① 气压比正常高

L

① 气压比正常低

③ 温暖的海水向西流动

西

106

赤道太平洋海域出现拉尼娜现象，哥伦比亚雨季降水量猛增，洪水泛滥。

活动。因此，信风又名贸易风。

　　海洋表层的运动主要受海表面风的牵制。信风的存在使得大量暖水被吹送到赤道西太平洋地区，在赤道东太平洋地区暖水被刮走，主要靠海面以下的冷水进行补充，赤道东太平洋海温比西太平洋明显低。当信风加强时，赤道东太平洋深层海水上翻现象更加剧烈，导致海表温度异常偏低，使得气流在赤道太平洋东部下沉，而气流在西部的上升运动更为加剧，有利于信风加强，这进一步加剧

赤道东太平洋冷水发展，引发所谓的拉尼娜现象。

　　拉尼娜同样对气候有影响。拉尼娜与厄尔尼诺性格相反，随着厄尔尼诺的消失，拉尼娜的到来，全球许多地区的天气与气候灾害也将发生转变。总体说来，拉尼娜并非性情十分温和，它也将可能给全球许多地区带来灾害，其气候影响与厄尔尼诺大致相反，但其强度和影响程度不如厄尔尼诺。

● 空气质量面面观

空气质量的好坏反映了空气污染程度，它是依据空气中污染物浓度的高低来判断的。空气污染是一个复杂的现象，在特定时间和地点空气污染物浓度受到许多因素影响。来自固定和流动污染源的人为污染物排放大小是影响空气质量的最主要因素之一，其中包括车辆、船舶、飞机的尾气、工业企业生产排放、居民生活和取暖、垃圾焚烧等。城市的发展密度、地形地貌和气象等也是影响空气质量的重要因素。

硫化氢

氧化剂

砷

氟化物

氯

臭氧

镉

氯化氢

镍

汞

空气污染导致气候变化 ＞

空气污染是全球天气状况和气候变化的一个重要因素。温室气体排放引发气候变化，而变暖的气候亦可以多种方式加剧空气污染，甚至影响到人类生活的方方面面。

工业厂区林立高耸的大烟囱、大城市里停停走走的机动车、田间播撒的农药化肥……形形色色的污染源每天将二氧化硫、一氧化碳和颗粒物等污染物排向大气。空气正在遭受污染，但污染还远远不是最恶劣的后果。联合国政府间气候

甲烷

二氧化碳

氮化氮

苯

铅

一氧化氮

氟化氢

锌

二氧化硫

一氧化碳

从前人们认为烟囱冒烟是繁荣的象征，如今则是提醒我们对大气所造成的损害。

变化专门委员会第四次评估报告指出，空气污染是全球天气状况和气候变化的一个重要因素，大气中温室气体、气溶胶和云量是导致气候变化的始作俑者。

专家指出，人为活动，特别是石油、煤炭等化石燃料的燃烧和毁林行为，产生了大量的二氧化碳。人类活动产生的二氧化碳，是近代出现的地球气候变化的新驱动力。如果二氧化碳与其他温室气体在大气中的浓度由目前的383ppm（1ppm 为百万分之一）增到400ppm 至500ppm 时，地球的平均温度至少将提高2℃。据悉，1750年以来，大气中二氧化碳的含量已经增加了35%左右。

气候因素影响空气质量 〉

城市空气质量好坏与气候环境的关系十分密切。在冬季采暖期，北方许多城市的大气污染元凶是燃煤烟雾，其次是汽车尾气，两者的共同作用使空气污染更加严重；而在非采暖期，则以大量的机动车尾气和悬浮颗粒物污染为主。相对于每周或每天而言，当污染源排放量没有大的变化情况下，风、雨、气压、温度等气象条件直接影响空气质量的好坏，使空气污染指数会有很大的差别。

首先，大气逆温现象直接影响大气污染物的扩散。通常在晴朗微风的夜间有逆温现象存在，使低层大气比较稳定，非常不利于污染物扩散。太阳出来后，随着地表温度的升高，使逆温层逐渐消失，大气湍流混合和垂直对流加强，有助于污染物质的扩散。

第二，与风力大小有关。通常风速越大越有利于空气中污染物质的稀释扩散。而长时间的微风或静风则会抑制污染物质的扩散，使近地面层的污染物质成倍地增加。但也会有例外情况，在我国冬春干燥季节，几乎每年都有强大的西北风席卷整个北方甚至南方广大地区，将内蒙古和黄土高原的大量地表泥土沙粒带到空中，形成浮尘、扬沙或严重的沙尘暴天气，使得天空呈现土黄色或漫天昏暗。

第三，与是否有雨雪有关。自然降雨、降雪对空气污染物能起着清除和冲刷作用。在雨雪作用下，大气中的一些污染气体能够溶解在水中，降低空气污染气体的浓度，较大的雨雪对空气污染物粉尘颗粒也起着有效的清除作用。但是需要指出的是，当前空气中的雨水已经不很干净。降水与空气中的

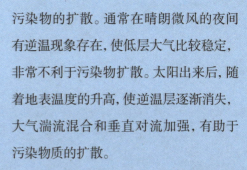

二氧化硫等气体混合溶解会形成酸雨，这是大气质量差的另一种表现形式。

再从季节角度来说，由于冬季北方降水较少，气候干燥，刮风天气较少，光照较弱，日照时间短，且温度较低，大气对流不活跃等不利于空气中污染物质扩散的因素较多。夏季由于太阳辐射很强，大气对流活动旺盛，逆温层的生成存在时间缩短，且降雨天气较多，降雨量很大，对污染物质清除作用明显，使空气污染程度相对减轻。

空气污染 ＞

造成空气污染的主要污染物有：烟尘、总悬浮颗粒物、可吸入悬浮颗粒物（浮尘）、二氧化氮、二氧化硫、一氧化碳、臭氧、挥发性有机化合物等等。

可吸入颗粒物 ＞

可吸入颗粒物是指悬浮在空气中，空气动力学直径小于等于10微米的颗粒物。可吸入颗粒物的浓度以每立方米空气中可吸入颗粒物的毫克数表示。国家环保总局1996年颁布修订的《环境空气质量标准》中将飘尘改称为可吸入颗粒物，作为正式大气环境质量标准。颗粒物的

烟花爆竹燃放时产生的一些颗粒物及硫化物，对空气质量监测有影响。

直径越小，进入呼吸道的部位越深。10微米直径的颗粒物通常沉积在上呼吸道，5微米直径的可进入呼吸道的深部，2微米以下的可100%深入到细支气管和肺泡。

可吸入颗粒物在环境空气中持续的时间很长，对人体健康和大气能见度影响都很大。一些颗粒物来自污染源的直接排放，比如烟囱与车辆。另一些则是由环境空气中硫的氧化物、氮氧化物、挥发性有机化合物及其他化合物互相作用形成的细小颗粒物，它们的化学和物理组成依地点、气候、一年中的季节不同而变化很大。可吸入颗粒物通常来自于在未铺沥青、水泥的路面上行驶的机动车、材料的破碎碾磨处理过程以及被风扬起的尘土。

可吸入颗粒物被人吸入后，会累积在呼吸系统中，引发许多疾病。对粗颗粒物的暴露可侵害呼吸系统，诱发哮喘病。细颗粒物可能引发心脏病、肺病、呼吸道疾病，降低肺功能等。因此，对于老人、儿童和已患心肺病者等敏感人群，风险是较大的。另外，环境空气中的颗粒物还是降低能见度的主要原因，并会损坏建筑物表面。颗粒物还会沉积在绿色植物叶面，干扰植物吸收阳光和二氧化碳和放出氧气和水分的过程，从而影响植物的健康和生长。

PM10（可吸入颗粒物）与PM2.5（细颗粒物）

我国目前的空气质量监测体系中是以"可吸入颗粒物"（PM10）为标准进行测定的，那么PM10与近来沸沸扬扬的PM2.5之间有着怎样的区别与联系呢？

PM是英文particulate matter（颗粒物）的首字母缩写。准确的PM10或者PM2.5的定义要在"直径"之前加一个修饰语"空气动力学"，这可不是故作高深，而是有科学依据的。我们知道空气中的颗粒物并非是规则的球形，那怎么定义又怎么测量其直径呢？在实际操作中，如果颗粒物在通过检测仪器时所表现出的空气动力学特征与直径小于或等于10或者2.5微米且密度为1克/立方厘米的球形颗粒一致，那就称其为PM10或是PM2.5。

我国目前监测的可吸入颗粒物是

PM10，指空气动力学直径小于10微米的颗粒物；细颗粒物(PM2.5)指空气动力学直径小于2.5微米的颗粒物，又称气溶胶或可入肺颗粒物。以我们纤细的头发为例，其直径大约是70微米，这就比最大的细颗粒物PM2.5还大了近三十倍。对于大城市而言，细颗粒物产生的主要来源是日常发电、工业生产、汽车尾气排放等过程中经过燃烧而排放的残留物，大多含有重金属等有毒物质，而且不易被人体排出。细颗粒物被人体吸入后可以抵达细支气管壁，对肺部健康影响尤甚。

根据世界卫生组织资料，PM10和PM2.5对人体健康的影响超过了其他任何污染物，长期暴露会带来呼吸道疾病、心血管疾病的发病率上升。

二氧化硫 ❯

二氧化硫是一种常见的和重要的大气污染物，是一种无色、有刺激性的气体。二氧化硫主要来源于含硫燃料（如煤和石油）的燃烧；含硫矿石（特别是含硫较多的有色金属矿石）的冶炼；化工、炼油和硫酸厂等的生产过程。

二氧化硫会形成工业烟雾，高浓度时能刺激人的呼吸道，使人呼吸困难，严重时能诱发各种呼吸系统疾病，甚至致人死亡。二氧化硫进入大气层后，溶于水形成亚硫酸，部分会被氧化为硫酸，形成酸雨，酸雨能使大片森林和农作物毁坏，能使纸品、纺织品、皮革制品等腐蚀破碎，能使金属的防锈涂料变质而降低保护作用，还会腐蚀、污染建筑物。二氧化硫还会在空气中形成悬浮颗粒物，又称气溶胶，随着人的呼吸进入肺部，对肺有直接损伤作用。

氮氧化物 >

氮氧化物种类很多，包括一氧化二氮、一氧化氮、二氧化氮、三氧化二氮、四氧化二氮和五氧化二氮等多种化合物，但主要是一氧化氮，它们是常见的大气污染物。

天然排放的氮氧化物，主要来自土壤和海洋中有机物的分解，属于自然界的氮循环过程。而人为活动排放的氮氧化物，大部分来自化石燃料的燃烧过程，如汽车、飞机、内燃机及工业窑炉的燃烧过程；也来自生产、使用硝酸的过程，如氮肥厂、有机中间体厂、有色及黑色金属冶炼厂等。

以一氧化氮和二氧化氮为主的氮氧化物是形成光化学烟雾和酸雨的一个重要原因。汽车尾气中的氮氧化物与氮氢化合物经紫外线照射发生反应形成的有毒烟雾，称为光化学烟雾。光化学烟雾具有特殊气味，刺激眼睛，伤害植物，并能使大气能见度降低。另外，氮氧化物与空气中的水反应生成的硝酸和亚硝酸是形成酸雨的元凶。

氮氧化物可刺激肺部，使人较难抵抗感冒之类的呼吸系统疾病，呼吸系统有问题的人士如哮喘病患者，会较易受二氧化氮影响。对儿童来说，氮氧化物可能会造成肺部发育受损。研究指出，长期吸入氮氧化物可能会导致肺部构造改变，但目前仍未可确定导致这种后果的氮氧化物含量及吸入气体时间。

一氧化碳 〉

一氧化碳是煤、石油等含碳物质不完全燃烧的产物，是一种无色、无臭、无刺激性的有毒气体，几乎不溶于水，在空气中不易与其他物质产生化学反应，故可在大气中停留2~3年之久。

大气对流层中的一氧化碳本底浓度约为0.1~2ppm，这种含量对人体无害。但由于世界各国交通运输事业、工矿企业不断发展，煤和石油等燃料的消耗量持续增长，一氧化碳的排放量也随之增多。据不完全统计，全世界一氧化碳总排放量达3.71亿吨。其中汽车废气的排出量占2.37亿吨，约占64%，成为城市大气日益严重的污染来源。一些自然灾害，如火山爆发、森林火灾、矿坑爆炸和地震等灾害事件，也会造成局部地区一氧化碳浓度的增高。另外吸烟也会造成一氧化碳污染危害。

由于一氧化碳极易与血液中运载氧的血红蛋白结合，结合速度比氧气快250倍，因此，在极低浓度时就能使人或动物遭到缺氧性伤害。轻者眩晕、头疼，重者脑细胞受到永久性损伤，甚至窒息死亡；一氧化碳对心脏病、贫血和呼吸道疾病的患者伤害性更大。

空气污染指数 〉

空气污染指数（air pollution index，简称API）是一种反映和评价空气质量的方法，就是将常规监测的几种空气污染物的浓度简化成为单一的概念性数值形式，并分级表征空气质量状况与空气污染的程度，其结果简明直观，使用方便，适用于表示城市的短期空气质量状况和变化趋势。

空气污染指数是根据环境空气质量标准和各项污染物对人体健康和生态环境的影响来确定污染指数的分级及相应的污染物浓度限值。我国目前采用的空气污染指数（API）分为五级，API值小于等于50，说明空气质量为优，相当于达到国家空气质量一级标准，符合自然保护区、风景名胜区和其他需要特殊保护地区的空气质量要求。API值大于50且小于等于100，表明空气质量良好，相当于达到国家空气质量二级标准。API值大于100且小于等于200，表明空气质量为轻度污染，相当于达到国家空气质量三级标准，长期接触，易感人群病状有轻度加剧，健康人群出现刺激症状。API值大于200，表明空气质量较差，超过国家空气质量三级标准，一定时间接触后，对人体危害较大。

空气污染指数

API	空气质量状况	对健康的影响	建议采取的措施
0-50	优	可正常活动	无
51-100	良	可正常活动	无
100-200	轻度污染	易感人群症状有轻度加剧，健康人群出现刺激症状	心脏病和呼吸系统疾病患者应减少体力消耗和户外活动
200-300	中度污染	心脏病和肺病患者症状显著加剧，运动耐受力降低，健康人群中普遍出现症状	老年人和心脏病、肺病患者应停留在室内，并减少体力活动
>300	重污染	健康人运动耐受力降低，有明显强烈症状，提前出现某些疾病	老年人和病人应当留在室内，避免体力消耗，一般人群应避免户外活动

二十四节气

节气是华夏祖先历经千百年的实践创造出来的宝贵科学遗产，是反映天气气候和物候变化、掌握农事季节的工具。

早在春秋战国时期，中国就已经能用土圭（在平面上竖一根杆子）来测量正午太阳影子的长短，以确定冬至、夏至、春分、秋分四个节气。一年中，土圭在正午时分影子最短的一天为夏至，最长的一天为冬至，影子长度适中的为春分或秋分。春秋时期的著作《尚书》中就对节气有所记述。西汉刘安著的《淮南子》一书里就有完整的二十四节气记载了。我国古代用农历（月亮历）记时，用阳历（太阳历）划分春夏秋冬共有二十四节气。

我们祖先把5天叫1候，3候为一气，称节气，全年分为72候24节气。

随着不断地观察、分析和总结，节气的划分逐渐丰富和科学，到了距今2000多年的秦汉时期，已经形成了完整的二十四节气的概念。

在古代，一年分为十二个月纪，每个月纪有两个节气。在前的为节气，在后的为中气，如立春为正月节，雨水为正月中，后人就把节气和中气统称为节气。

二十四节气的名称为：立春、雨水、惊蛰、春分、清明、谷雨、立夏、小满、芒种、夏至、小暑、大暑、立秋、处暑、白露、秋分、寒露、霜降、立冬、小雪、大雪、冬至、小寒、大寒。

二十四节气是根据太

刘安雕像

土圭

阳在黄道（即地球绕太阳公转的轨道）上的位置来划分的。视太阳从春分点（黄经零度，此刻太阳垂直照射赤道）出发，每前进15度为一个节气；运行一周又回到春分点，为一回归年，合360度，因此分为２４个节气。节气的日期在阳历中是相对固定的，如立春总是在阳历的2月3日至5日之间。但在农历中，节气的日期不大好确定，再以立春为例，它最早可在上一年的农历十二月十五日，最晚可在正月十五日。

从二十四节气的命名可以看出，节气的划分充分考虑了季节、气候、物候等自然现象的变化。其中，立春、立夏、立秋、立冬、春分、秋分、夏至、冬至是用来反映季节的，将一年划分为春、夏、秋、冬四个季节。春分、秋分、夏至、冬至是从天文角度来划分的，反映了太阳高度变化

的转折点。立春、立夏、立秋、立冬则反映了四季的开始。由于中国地域辽阔，具有非常明显的季风性和大陆性气候，各地天气气候差异巨大，因此不同地区的四季变化也有很大差异。

小暑、大暑、处暑、小寒、大寒等五个节气反映气温的变化，用来表示一年中不同时期寒热程度；雨水、谷雨、小雪、大雪四个节气反映了降水现象，表明降雨、降雪的时间和强度；白露、寒露、霜降三个节气表面上反映的是水汽凝结、凝华现象，但实质上反映出了气温逐渐下降的过程和程度：气温下降到一定程度，水汽出现凝露现象；气温继续下降，不仅凝露增多，而且越来越凉；当温度降至摄氏零度以下，水汽凝华为霜。

小满、芒种则反映有关作物的成熟和收成情况；惊蛰、清明反映的是自然物候现象，尤其是惊蛰，它用天上初雷和地下蛰虫的复苏，来预示春天的回归。

二十四节气歌 〉

春雨惊春清谷天，　夏满芒夏暑相连。　秋处露秋寒霜降，冬雪雪冬小大寒。上半年是六廿一，下半年是八廿三。每月两节日期定，最多相差一两天。

121

● 与天气有关的谚语

与天气有关的谚语是以成语或歌谣形式在民间流传的有关天气变化的经验。天气谚语历史悠久、内容丰富，是劳动人民在长期的生产生活实践中，不断积累下来的认识自然的经验，这些经验经过千百年的实践考验和锤炼，逐渐概括成简明、易懂、易记的谚语，在劳动人民中广泛流传下来。

春秋战国时期，荀况在《天论》中指出"天行有常"，说明天气气候的变化是有客观规律的，并提出要"制天命而用之"，强调人要认识、利用和改造自然。

东汉时，王充在《论衡·变动篇》中引用天气谚语"故天且雨，蝼蚁徙，蚯蚓出，琴弦缓，痼疾发"，意思是天要下雨就会出现蚂蚁搬家，蚯蚓出洞，琴弦变松，人体的一些老毛病发作等现象。

唐诗中也有引用谚语的，如"朝霞晴做雨"就一语道破了朝霞和降雨的关系；杜甫诗中"布谷催春种"这是关于长期天气变化的谚语，布谷鸟叫以后一般不会有强冷空气影响了，农民可以播种了。

明朝娄元礼在《田家五行》中引用了许多天气谚语，如关于长期天气变化的"行得春风有夏雨"、"一场春风对一场秋雨"、"重阳无雨一冬晴"等等。也有关于"舶棹风"和"伏旱"关系的谚语："梅雨过风弥日，是日舶棹初回，谚云，舶棹风云起，旱魃空欢喜，仰面看青天，头巾落在麻圻里"，所谓舶棹风即我

荀况画像

国东南沿海的信风，此时梅雨已过，虽然有送舶棹初回的东风，却不会有什么大雨，只是太平洋副热带高压控制下"仰面看青天"的伏旱了。徐光启也在著名的《农政全书》中记载了天气谚语，也有用物候作长期天气展望的，如"藕花谓之水花魁，开在夏至前主水"，是说荷花开在夏至前(偏早)预示未来雨水偏多。

这些与天气有关的谚语，是我们祖先在与大自然的斗争中对天气变化进行观测，并一点点地积累下来的丰富经验，是祖先留给我们的宝贵财富。

徐光启画像

QIHOU WUYU

● 与气候有关的法律法规

《联合国气候变化框架公约》 >

《联合国气候变化框架公约》（United Nations Framework Convention on Climate Change, 简称《框架公约》）是1992年5月22日联合国政府间谈判委员会就气候变化问题达成的公约，于1992年6月4日在巴西里约热内卢举行的联合国环发大会（地球首脑会议）上通过。《联合国气候变化框架公约》是世界上第一个为全面控制二氧化碳等温室气体排放，以应对全球气候变暖给人类经济和社会带来不利影响的国际公约，也是国际社会在对付全球气候变化问题上进行国际合作的一个基本框架。公约于1994年3月21日正式生效。截至2004年5月，公约已拥有189个缔约方。

公约由序言及26条正文组成。这是一个有法律约束力的公约，旨在控制大气中二氧化碳、甲烷和其他造成"温室效应"的气体的排放，将温室气体的浓度稳定在使气候系统免遭破坏的水平上。公约对发达国家和发展中国家规定的义务以及履行义务的程序有所区别。公约要求发达国家作为温室气体的排放大户，采取具体措施限制温室气体的排放，并向发展中国家提供资金以支付他们履行公约义务所需的费用。而发展中国家只承担提供温室气体源与温室气体汇的国

124

家清单的义务，制订并执行含有关于温室气体源与汇方面措施的方案，不承担有法律约束力的限控义务。公约建立了一个向发展中国家提供资金和技术，使其能够履行公约义务的资金机制。

《联合国气候变化框架公约》的目标是减少温室气体排放，减少人为活动对气候系统的危害，减缓气候变化，增强生态系统对气候变化的适应性，确保粮食生产和经济可持续发展。为实现上述目标，公约确立了五个基本原则：一、"共同而区别"的原则，要求发达国家应率先采取措施，应对气候变化；二、要考虑发展中国家的具体需要和国情；三、各缔约国方应当采取必要措施，预测、防止和减少引起气候变化的因素；四、尊重各缔约方的可持续发展权；五、加强国际合作，应对气候变化的措施不能成为国际贸易的壁垒。

《京都议定书》 >

《京都议定书》（英文：Kyoto Protocol，又译《京都协议书》、《京都条约》；全称《联合国气候变化框架公约的京都议定书》）是《联合国气候变化框

125

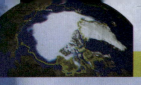

架公约》的补充条款。《京都议定书》是1997年12月在日本京都由联合国气候变化框架公约参加国三次会议制定的，其目标是"将大气中的温室气体含量稳定在一个适当的水平，进而防止剧烈的气候改变对人类造成伤害"。

条约规定，它需要在"不少于55个参与国签署该条约并且温室气体排放量达到附件中规定国家在1990年总排放量的55%后的第90天"开始生效，这两个条件中，"55个国家"在2002年5月23日当冰岛通过后首先达到，2004年12月18日俄罗斯通过了该条约后达到了"55%"的条件，条约在90天后于2005年2月16日开始强制生效。

这是人类历史上首次以法规的形式限制温室气体排放。为了促进各国完成温室气体减排目标，议定书允许采取以下四种减排方式：一、两个发达国家之间可以进行排放额度买卖的"排放权交易"，即难以完成削减任务的国家，可以花钱从超额完成任务的国家买进超出的额度。二、以"净排放量"计算温室气体排放量，即从本国实际排放量中扣除森林所吸收的二氧化碳的数量。三、可以采用绿色开发机制，促使发达国家和发展中国家共同减排温室气体。四、可以采用"集团方式"，即欧盟内部的许多国家可视为一个整体，采取有的国家削减、有的国家增加的方法，在总体上完成减排任务。

需要注意的是，美国人口仅占全球人口的3%至4%，而排放的二氧化碳却占全球排放量的25%以上，为全球温室气体排放量最大的国家。美国曾于1998年签署了《京都议定书》，但2001年3月，布什政府以"减少温室气体排放将会影响美国经济发展"和"发展中国家也应该承担减排和限排温室气体的义务"为借口，宣布拒绝批准《京都议定书》。此外，2011年12月，加拿大宣布退出《京都议定书》，继美国之后第二个签署但后又退出的国家。

《中华人民共和国气象法》 >

《中华人民共和国气象法》于1999年10月31日经第九届全国人民代表大会常委会第十二次会议审议通过，自2000年1月1日起施行。它是我国第一部规范全社会气象活动的重要法律，在规范气象工作，促进气象事业发展，有效防御和减轻气象灾害，保障人民生命财产安全，推动经济和社会全面、协调和可持续发展等方面发挥了重要作用。

图书在版编目（CIP）数据

气候物语/于川,张玲,刘小玲编著.—北京：
现代出版社,2012.12
ISBN 978－7－5143－0904－1

Ⅰ.①气… Ⅱ.①于…②张…③刘… Ⅲ.①气候－
青年读物②气候－少年读物 Ⅳ.①P46－49

中国版本图书馆 CIP 数据核字（2012）第 274890 号

气候物语

作　　者	于　川　张　玲　刘小玲
责任编辑	袁　涛
出版发行	现代出版社
地　　址	北京市安定门外安华里 504 号
邮政编码	100011
电　　话	（010）64267325
传　　真	（010）64245264
电子邮箱	xiandai@cnpitc.com.cn
网　　址	www.1980xd.com
印　　刷	汇昌印刷（天津）有限公司
开　　本	710×1000　1/16
印　　张	8
版　　次	2013 年 1 月第 1 版　2020 年 1 月第 3 次印刷
书　　号	ISBN 978－7－5143－0904－1
定　　价	29.80 元